Joel Omar Yam Gamboa

Licenciado en Matemáticas por la Universidad Autónoma de Yucatán, Maestro en Ciencias en la especialidad de Óptica por el Instituto Nacional de Astrofísica, óptica y Electrónica (INAOE) y Doctor en Ciencias en la especialidad de Astrofísica por el INAOE. Ha trabajado como investigador asociado en la Universidad Nacional Autónoma de México y en el INAOE, como docente en la Universidad Iberoamericana Campus Puebla y en la Universidad Autónoma de Yucatán. Actualmente es Profesor-Investigador, titular A, en la Unidad Chetumal de la Universidad de Quintana Roo. Cuenta con 12 artículos indexados y 5 con arbitraje.

María Norma Palacios Ramírez

Cuenta con la Licenciatura en Física por la Benemérita Universidad Autónoma de Puebla (BUAP), la Maestría en Astrofísica por el Instituto Nacional de Astrofísica, Óptica y Electrónica (INAOE) y la candidatura a Doctor en Ciencias por el INAOE. Ha trabajado como docente en la BUAP, la Universidad Iberoamericana campus Puebla, la Universidad Autónoma de Yucatán, la Universidad de Quintana Roo Unidad Chetumal y el Instituto Tecnológico de Chetumal.

Fernando Enrique Flores Murrieta

Recibió el ttulo de Ingeniero Mecánico por la ESIME IPN en 1990, en la ciudad de México. Obtuvo el grado de Maestro en Ciencias en 1996 por la ESIME-IPN en la ciudad de México. Recibió el grado de Doctor en Ingeniería Energética por la Universidad de Valladolid, España en 2009. Actualmente es Profesor-Investigador, Titular A, en la División de Ciencias e Ingeniería de la Universidad de Quintana Roo (UQROO). Sus líneas de investigación en las áreas de ahorro de energía y energías renovables. El Dr. Flores cuenta con perfil deseable que otorga el PRODEP en México y es miembro del Sistema Estatal de Investigadores en Quintana Roo, México.

TEMAS SELECTOS DE ENERGÍA II

Editores,
Omar Yam
Norma Palacios
Fernando Flores

Julio de 2017

Todos los derechos reservados © 2017
Universidad de Quintana Roo
vboeta@uqroo.edu.mx

Editores:
Omar Yam
Norma Palacios
Fernando Flores

ISBN-13: 978-1977697745
ISBN-10: 1977697747

PRIMERA EDICIÓN

Queda prohibida la reproducción total o parcial
de la presente obra en medios digitales o impresos
sin autorización expresa de sus autores.

Prefacio

Temas Selectos de Energía II, le da continuidad a los temas de actualidad en materia de ahorro y uso eficiente de la energía que son de pertinencia general y específicamente en el ámbito académico e industrial. Este trabajo consta de seis capítulos y aborda tópicos sobre edificios sostenibles, desarrollo de proyectos en el sector energético, recuperación de calor, producción de biodiesel, control de flujo en turbomáquinas y finalmente la fusión nuclear como energía del futuro. La finalidad es transmitirle al lector algunas experiencias de los autores en éstos campos de las ciencias e ingeniería.

Contenido

EDIFICIOS SOSTENIBLES
Francisco Javier Rey Martínez, Julio Francisco San José Alonso, Ana Tejero González, Marcelo Izquierdo Millán, Manuel Andrés Chicote y Eloy Velasco Gómez 3

CARACTERIZACIÓN DE UN TUBO DE CALOR MEDIANTE LA SIMULACIÓN. UNA OPCIÓN EFICIENTE DE SELECCIÓN E IMPLEMENTACIÓN INDUSTRIAL
Fernando Enrique Flores Murrieta, Máximo Moen Cano, José Manuel Carrión Jiménez 23

FUSIÓN NUCLEAR; UNA OPCIÓN PARA EL FUTURO
Joel Omar Yam Gamboa, María Norma Palacios Ramírez 37

OPORTUNIDADES PARA EL DESARROLLO DE PROYECTOS EN EL SECTOR ENERGÉTICO EN MÉXICO
Ruben Domínguez Maldonado, Eduardo Huerta Argáez 47

PRODUCCIÓN DE BIODIESEL CON JATROPHA CURCAS Y LODOS ACTIVADOS, DOS MATERIAS PRIMAS NO COMESTIBLES
José Manuel Carrión Jiménez, Citlali Carrillo García, José Luis González Bucio, Fernando Flores Murrieta, Graciano Calva Calva 63

AHORRO DE ENERGÍA EN TURBOMÁQUINAS CENTRÍFUGAS POR CONTROL DE FLUJO
René Tolentino Eslava, Guilibaldo Tolentino Eslava, Miguel Toledo Velázquez 71

Lista de Autores

José Manuel Carrión Jiménez
Departamento de Ingeniería,
Universidad de Quintana Roo,
Blvd. Bahía s/n Esq I. Comonfort
Chetumal, Quintana Roo, México.
C. P. 77019
jmcarrion@uqroo.edu.mx

Citlali Carrillo García
Departamento de Ingeniería,
Universidad de Quintana Roo,
Blvd. Bahía s/n Esq I. Comonfort
Chetumal, Quintana Roo, México.
C. P. 77019
citlali@uqroo.edu.mx

Ruben Domínguez Maldonado
Universidad Anahuac-Mayab,
Facultad de Ingeniería,
Carr. Mérida-Progreso km 15.5
A.P. 96 Cordemex, Mérida, México.
C.P. 97310
ruben.dominguez@anahuac.mx

Eduardo Huerta Argáez
Augusto Irineo León castillo,
Servicio y Mantenimiento S.A. de
C.V., C-57 N 542B, Col. Centro,
Mérida Yucatán, México.
C. P. 97000
e_huertargaez@hotmail.com

Máximo Moen Cano
Subsistema de Tele-Bachillerato
Comunitario en Quintana Roo.
Área de Ciencias Experimentales y
Matemáticas.
Quintana Roo, México.
maxgronda-@hotmail.com

Fernando Enrique Flores Murrieta
Departamento de Ingeniería,
Universidad de Quintana Roo
Blvd. Bahía s/n Esq I. Comonfort
Chetumal, Quintana Roo, México.
C. P. 77019
feflores@uqroo.edu.mx

José Luis González Bucio
Departamento de Ingeniería,
Universidad de Quintana Roo,
Blvd. Bahía s/n Esq I. Comonfort
Chetumal, Quintana Roo, México.
C. P. 77019
buciojos@uqroo.edu.mx

María Norma Palacios Ramírez
Departamento de Ciencias,
Universidad de Quintana Roo,
Blvd. Bahía s/n Esq I. Comonfort
Chetumal, Quintana Roo, México.
C. P. 77019
norpala@uqroo.edu.mx

Lista de Autores

Francisco Javier Rey Martínez
GIR de Termotecnia de la Universidad de Valladolid.
Unidad de Investigación Consolidada UIC 053.
Escuela de Ingenierías Industriales.
Sede Paseo del Cauce, nº 59, 47011 - Valladolid, España.
rey@eii.uva.es

Julio Francisco San José Alonso
GIR de Termotecnia de la Universidad de Valladolid.
Unidad de Investigación Consolidada UIC 053.
Escuela de Ingenierías Industriales.
Sede Paseo del Cauce, nº 59, 47011 - Valladolid, España.
julsan@eii.uva.es

Ana Tejero González
GIR de Termotecnia de la Universidad de Valladolid.
Unidad de Investigación Consolidada UIC 053.
Escuela de Ingenierías Industriales.
Sede Paseo del Cauce, nº 59, 47011 - Valladolid, España.
anatej@eii.uva.es

Marcelo Izquierdo Millán
GIR de Termotecnia de la Universidad de Valladolid.
Unidad de Investigación Consolidada UIC 053.
Escuela de Ingenierías Industriales.
Sede Paseo del Cauce, nº 59, 47011 - Valladolid, España.
mizquierdo@eii.uva.es

Manuel Andrés Chicote
GIR de Termotecnia de la Universidad de Valladolid.
Unidad de Investigación Consolidada UIC 053.
Escuela de Ingenierías Industriales.
Sede Paseo del Cauce, nº 59, 47011 - Valladolid, España.
manuel.andres@eii.uva.es

Eloy Velasco Gómez
GIR de Termotecnia de la Universidad de Valladolid.
Unidad de Investigación Consolidada UIC 053.
Escuela de Ingenierías Industriales.
Sede Paseo del Cauce, nº 59, 47011 - Valladolid, España.
eloy@eii.uva.es

Graciano Calva Calva
Departamento de Biotecnología,
CINVESTAV-Zacatenco,
Avenida IPN 2506 Zacatenco
Ciudad de México
gcalva@cinvestav.mx

Miguel Toledo Velázquez
Instituto Politécnico Nacional, Escuela Superior de Ingeniería Mecánica y Eléctrica, Unidad Profesional Adolfo López Mateos, Sección de Estudios de Posgrado e Investigación, Laboratorio de Ingeniería Térmica e Hidráulica Aplicada.
Ciudad de México, México.
mtoledo@ipn.mx

Guilibaldo Tolentino Eslava
Instituto Politécnico Nacional, Escuela Superior de Ingeniería Mecánica y Eléctrica, Unidad Profesional Adolfo López Mateos, Sección de Estudios de Posgrado e Investigación, Laboratorio de Ingeniería Térmica e Hidráulica Aplicada.
Ciudad de México, México.
gtolentino@ipn.mx

René Tolentino Eslava
Instituto Politécnico Nacional,
Escuela Superior de Ingeniería
Mecánica y Eléctrica, Unidad
Profesional Adolfo López Mateos,
Departamento de Ingeniería en
Control y Automatización. Ciudad
de México, México.
rtolentino@ipn.mx

Joel Omar Yam Gamboa
Departamento de Ciencias,
Universidad de Quintana Roo,
Blvd. Bahía s/n Esq I. Comonfort
Chetumal, Quintana Roo, México.
C. P. 77019
oyam@uqroo.edu.mx

Temas Selectos de Energía II

EDIFICIOS SOSTENIBLES

Francisco Javier Rey Martínez, Julio Francisco San José Alonso, Ana Tejero González, Marcelo Izquierdo Millán, Manuel Andrés Chicote y Eloy Velasco Gómez

GIR de Termotecnia de la Universidad de Valladolid. Unidad de Investigación Consolidada UIC 053. Escuela de Ingenierías Industriales. Sede Paseo del Cauce, n° 59, 47011 - Valladolid.
rey@eis.uva.es

1 INTRODUCCIÓN

La energía juega un papel fundamental en el desarrollo económico y social de un país. El aumento del consumo de energía obliga a replantear la estructura de consumo energético, abordando aspectos como reducción de la demanda para satisfacer las mismas necesidades, recurrir a procesos que reduzcan el uso de energía primaria o utilizar alternativas energéticas sostenibles. En cualquier caso la única energía que realmente puede considerarse limpia es aquella que no se consume.

Dentro de este contexto, el elevado peso de los combustibles de origen fósil, con el impacto ambiental que su uso provoca y la dependencia energética que de su uso genera en los países no productores, aconseja poder establecer estrategias para reducir la dependencia de este tipo de fuentes de energía, reduciendo su demanda, incrementando la eficiencia de las instalaciones o sustituyendo las fuentes de energía por otras que sean más respetuosas con el medio ambiente. Entre los consumidores finales de energía, tanto a nivel mundial como local y dependiendo mucho de la climatología, el consumo de energía en los edificios ocupa un lugar muy importante, en muchos casos de un orden similar al consumo de la industria o del transporte. Además este sector resulta clave en las actuaciones si se tiene en cuenta que de ese consumo de energía, un elevado porcentaje se considera desperdiciado (hasta un 20% en algunos países).

Algunos países como los pertenecientes a la Comunidad Europea, se han planteado como reto reducir el consumo de las fuentes de origen fósil, principalmente por el impacto ambiental que su consumo produce. En la Comunidad Europea se ha establecido como objetivo el denominado horizonte 2020 con el que se pretende reducir un 20% las emisiones de gases de efecto invernadero respecto a los niveles de 1990, incrementar en un 20% el uso de las energías renovables e incrementar en un 20% la eficiencia energética de las instalaciones. Dentro de este contexto y para el caso de los edificios de nueva construcción se pretende que apenas consuman energía, lo que se denomina nZEB (near Zero Energy Buildings), en un horizonte muy próximo ya que los edificios de la Administración deben cumplirlo en 2018 y el resto de edificios en 2020.

El desarrollo de herramientas que permitan minimizar el consumo de energía en los edificios, utilizar sistemas muy eficientes energéticamente o consumir energías que provoquen bajo impacto, han pasado de ser una opción a ser una necesidad que permita cumplir las diferentes normativas que tienen como fin construir edificios sostenibles. En el desarrollo de este capítulo se abordan algunas de las técnicas que suelen ser utilizadas en el acondicionamiento higrotérmico de los edificios, que permiten minimizar la dependencia energética para estos usos.

En la Figura 1, se muestran las diferentes alternativas que se pueden plantear para reducir este consumo de energía utilizada en el acondicionamiento higrotérmico de los edificios. Adicionalmente a estas medias, existen alternativas orientadas a la reducción de otros consumos como los destinados a la iluminación, electrodomésticos, elaboración de alimentos, etc.; sin embargo este capítulo se centra en aquellas destinadas a la climatización.

Fig. 1. Herramientas para reducir el consumo de energía en los edificios.

Aunque esta es solo una agrupación posible y muchas veces las herramientas utilizadas pueden incluirse en varios grupos de los de la Figura 1, se utilizará este mismo esquema a continuación para desarrollar las propuestas que permiten reducir el consumo de energía en los edificios.

2 DISMINUCIÓN DE LAS NECESIDADES ENERGÉTICAS

Uno de los condicionantes a tener en cuenta a la hora de abordar la reducción de los consumos en los edificios, es que hay que mantener las condiciones adecuadas en el interior para desarrollar las actividades previstas en los mismos. Por tanto no resulta admisible la solución más sencilla para reducir ese consumo, que sería no disponer de ninguna instalación, prescindiendo de los sistemas de calefacción, iluminación, aire acondicionado, etc.
Las medidas que se propongan deben reducir el consumo, pero mantener las prestaciones que las instalaciones aportan a los edificios. Alguna de las propuestas que permiten reducir las necesidades energéticas para el acondicionamiento térmico de los edificios se basan en los puntos siguientes.

2.1 Adecuar el aislamiento térmico

El aislamiento térmico es la medida de ahorro pasiva más común de las posibilidades de ahorro de energía en la edificación. Tiene como objetivo reducir el intercambio de energía entre el interior del edificio y el exterior, debido a que incrementa la resistencia térmica (Ecuación 1) a la transmisión de calor ($R_\text{aislamiento}$) a través de los cerramientos, que es proporcionar al espesor del aislante (e_aislante) e inversamente proporcional a su conductividad (k_aislante).

$$R_{aislamiento} = \frac{e_\text{aislante}}{k_\text{aislante}} \qquad (1)$$

Existen varias alternativas para el aislamiento del edificio, dependiendo de cual sea su posición en la pared o si se aplica sobre el suelo o el techo. En la Figura 2 se presentan diferentes ejemplos habituales del uso de aislamiento en la edificación.
Las soluciones de aislamiento deben ser analizadas teniendo en cuenta la climatología. De forma general, en aquellos climas donde prioritariamente las temperaturas exteriores a lo largo del año son bajas hay que limitar las pérdidas, empleando aislamiento, y promover las ganancias solares por las ventanas.
Por el contrario, cuando las temperaturas del exterior son elevadas, hay que limitar las ganancias con sistemas de protección y control solar, pero facilitando las pérdidas durante la noche mediante ventilación (free cooling) y enfriamiento radiante nocturno. Este enfriamiento radiante, consecuencia del intercambio térmico de la tierra con la bóveda celeste cuando el cielo está

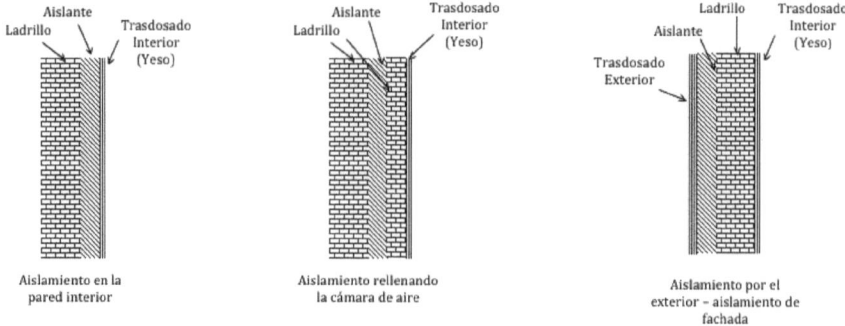

Fig. 2. Soluciones de aislamiento para paredes.

despejado, se ve favorecido por el intercambio de calor entre el interior y la superficie exterior del edificio, que aconsejaría poco aislamiento. De esta forma es conveniente disponer de un aislamiento adecuado dependiendo de la climatología de la zona y a menudo puede ser aconsejable el combinar estrategias de ahorro. Por ejemplo, en climas con veranos calurosos e inviernos muy fríos se puede combinar sistemas de aislamiento que no permitan la pérdida de calor en inviernos y en verano sistemas de refrigeración pasiva por free cooling, enfriamiento evaporativo, acumulación térmica, etc., que favorezcan aportar enfriamiento del edificio sin necesidad de que este se produzca por el intercambio radiante con el espacio.

2.2 Sistemas de energía solar pasiva

Una de las estrategias asociadas a la arquitectura bioclimática es aprovechar las posiciones del sol a lo largo del año o aprovechar los recursos que nos aporta la naturaleza. La altura solar, o ángulo que forma el sol con el plano de la tierra, varía a lo largo del año y con la latitud de la localidad, pero se puede decir de forma general que el ángulo es pequeño en invierno y elevado en verano. Utilizando herramientas de construcción como las mostradas en la Figura 3, se puede favorecer la ganancia solar en invierno e impedir con las proyecciones de sombra la ganancia radiante en verano.

Otras herramientas de la arquitectura bioclimática consisten en:

1) Utilizar árboles de hoja caduca, que en invierno, al no tener hojas, permitan el paso de la radiación solar hasta el edificio reduciendo la demanda de calefacción, mientras que en verano las hojas impiden el paso de la radiación solar reduciendo la ganancia radiante del edificio.
2) Incluir en la estructura cubiertas vegetales, que reduzcan el intercambio térmico por conducción en invierno y capten la radiación solar en verano. Adicionalmente en verano, debido al riego, pueden aportar enfriamiento evaporativo al edificio.

Fig. 3. Solución arquitectnica de tejado con voladizo para favorecer la ganancia radiante del sol en invierno (izquierda) y favorecer la proyección de sombras en verano (derecha).

3) Utilizar sistemas de captación de la radiación solar como el Muro Trombe, galerías acristaladas o ventanas adecuadamente orientadas al sur para favorecer la ganancia radiante en invierno. Si están equipadas con cortinas, persianas, toldos, etc., se puede controlar la ganancia radiante o reducir las perdidas por disipación radiante nocturna.

Todos los sistemas pasivos deben tener en cuenta las estaciones estival e invernal, de manera que estén previstos procedimientos para el control de las ganancias o pérdidas por radiación según convenga.

2.3 Adecuación del tiempo de funcionamiento

Es la última medida propuesta y consiste esencialmente en utilizar racionalmente las instalaciones. En muchas situaciones y debido a múltiples motivos, las instalaciones están funcionando sin que sea preciso. De la misma manera que la gente entiende que una medida de ahorro es apagar la iluminación artificial en aquellas estancias en las que no hay personas, el objetivo de los sistemas de climatización es mantener las condiciones adecuadas de confort los locales; pero cuando no se prevea la presencia de personas, por ejemplo en espacios de trabajo durante los fines de semana, no es necesario que se mantengan esas condiciones y las instalaciones pueden estar apagadas.

Dependiendo del uso del edificio y el tipo de sistema de acondicionamiento, habrá que gestionar adecuadamente la instalación. Cuando el uso del local no sea continuo, por ejemplo pocas horas al día o solo en ciertos momentos esporádicos, es más conveniente utilizar sistemas de acondicionamiento por aire con baja inercia térmica donde solo se calienta el aire interior; pero cuando el uso de los edifico sea continuo a lo largo del tiempo, será conveniente, sobre todo con el objetivo de conseguir un adecuado nivel de confort, mantener las condiciones lo más constantes a lo largo del tiempo siendo así recomendables sistemas con elevada inercia como el suelo radiante, que poseen elevada eficiencia. La implantación de esta medida afecta sobre todo al tipo de instalación utilizada para el acondicionamiento y al sistema de control que permita hacer una gestión adecuada de las mismas.

3 SUSTITUCIÓN DE FUENTES DE ENERGÍA

De todos son conocidos los efectos que el uso de la energía de origen fósil ha tenido en la sociedad actual. Por un lado el descenso de recursos de origen fósil que sean accesibles, el impacto medio ambiental que su uso genera, la dependencia económica de los países no productores, etc., hacen recomendable que exista la diversificación de las fuentes de energía que permitan asegurar el grado de abastecimiento a la población cuando los recursos fósiles no sean asequibles por la escasez o por el precio. Por otro lado es necesario utilizar energías que permitan un desarrollo sostenible, que no hipotequen a las generaciones futuras bien por el impacto medioambiental o porque se hayan eliminado los recursos de los que se dispone en la actualidad.

Es muy importante, a la hora de elegir instalaciones que utilizan otra fuente de energía diferente a las de origen fósil, observar parámetros que contemplen toda la vida útil de la instalación. Ya se ha indicado que la única fuente de energía limpia es la que no se utiliza: el uso de energías de origen renovable, aunque durante el periodo de utilización pueda suponerse que la energía generada es gratuita, por ejemplo en una instalación de energía solar, normalmente precisarán un consumo de electricidad para las bombas existentes en los circuitos, precisarán una inversión (económica y energética) para la fabricación de los elementos que componen la instalación, los gastos asociados al mantenimiento e incluso aquellos gastos derivados del reciclado final de los materiales al final de la vida útil de la instalación. Por estos motivos es muy importante realizar un Análisis del Ciclo de Vida ACV (en inglés Life Cycle Assessment) que permita comparar, de entre todas las instalaciones posibles que se pueden plantear para dar un determinado servicio, aquellas que provocan un impacto ambiental inferior, pero contemplando todas las etapas necesarias: desde que los materiales se encuentran en estado natural hasta que vuelven al mismo después del proceso de reciclado.
Estos estudios nos permiten comparar el impacto medioambiental asociado al uso de todas las energías.

3.1 Energías renovables

La alternativa más habitual al uso de las energías de origen fósil son las diferentes fuentes de energía renovable, si bien en el sector de los edificios se reducen prácticamente a las instalaciones de energía solar, calderas de biomasa y los sistemas de bombas de calor en sus diferentes configuraciones, siendo entre estas últimas la bomba de calor geotérmica la que mayor interés tiene. Además de las planteadas, puede haber otras alternativas como la geotérmica de baja temperatura (entre 60°C y 100°C) en localidades donde existan aguas termales, cuyo recurso puede ser utilizado para aportar calefacción, pero no son las instalaciones más habituales, dado que este tipo de yacimiento es poco frecuente y solo en determinadas zonas geográficas.

3.1.1 *Instalaciones de energía solar*

Este tipo de instalaciones se dividen en dos grandes bloques. El primero de ellos, en el que no se va a profundizar, son las instalaciones de energía fotovoltaica, que se pueden plantear para autoconsumo utilizando sistemas de acumulación por baterías. Por ello, para el caso de edificios nZEB, puede ser una alternativa de interés, ya que durante su utilización no generan impacto ambiental; pero si se realiza el correspondiente ACV y se tiene en cuenta la inversión energética en el proceso de fabricación, aunque es una energía renovable, el impacto medio ambiental que su uso provoca durante el proceso de fabricación, no puede considerarse despreciable.

La tecnología solar con más aplicación en los edificios, son las instalaciones solares térmicas de baja temperatura, que se pueden utilizar para dar agua caliente sanitaria (ACS) o calefacción, normalmente utilizando sistemas de disipación a baja temperatura (suelo radiante o fancoils).

Existen diversas configuraciones de instalaciones de energía solar, siendo las más básicas las que funcionan por termosifón, aplicables en localidades donde no existe peligro de heladas, y el fluido que se calienta en el colector puede ser directamente el agua de uso. Las instalaciones de doble circuito, que son las más habituales, poseen un circuito primario donde se encuentra el campo de colectores, que esta lleno con agua glicolada, para evitar que se congele cuando la temperatura del exterior sea inferior a 0°C; por el circuito secundario se hace circular el agua que se pretende calentar. Los dos circuitos se unen térmicamente mediante un intercambiador que puede ser exterior (intercambiador de placas) o interior (serpentín o camisa en el interior de un acumulador). En la Figura 4 se presentan las dos configuraciones básicas descritas.

3.1.2 *Instalaciones de biomasa*

Se considera biomasa a todo el material de origen biológico excluyendo aquellos que han sido englobados en formaciones geológicas sufriendo un proceso de mineralización. La energía que contiene la biomasa es energía solar almacenada a través de la fotosíntesis, proceso por el cual algunos organismos vivos, como las plantas, utilizan la energía solar para convertir los compuestos inorgánicos que asimilan (como el CO_2) en compuestos orgánicos.

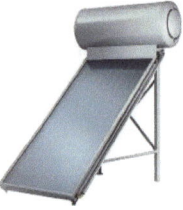 

Fig. 4. Configuraciones básicas de instalaciones de energía solar térmica. Colector por termosifón (izquierda) y Colectores solares planos de baja temperatura (derecha).

La energía de la biomasa ha sido utilizada por el hombre desde la prehistoria, entrando dentro del ciclo del carbono en la naturaleza, por lo que el balance entre emisiones y captación de CO_2 (denominado balance neutro de la biomasa), si no se cuenta el impacto generado por el procesamiento de la biomasa (transporte, molienda, pelletizado o briquetado, etc.), es nulo, dado que la combustión de biomasa no contribuye al aumento del efecto invernadero porque el carbono que se libera es el que absorben y liberan continuamente las plantas durante su crecimiento.

La energía que libera la combustión de la biomasa se puede utilizar fundamentalmente para aportar el calor necesario demandado por el edificio para ACS, calefacción e incluso, utilizando una máquina de absorción, para proporcionar aire acondicionado en verano.

La tecnología de la biomasa para aportar calor al interior de los edificios (ver Figura 5) va desde las tradicionales chimeneas o estufas que utilizan residuos agrícolas como la cáscara de frutos secos como el piñón o la almendra, hasta las grandes calderas utilizadas en las redes de distritos para calefacción (district heating). Pero las instalaciones más habituales son las calderas de biomasa individuales que normalmente utilizan como combustible pellets en las que, dado que el tamaño del combustible es homogéneo, es posible realizar una alimentación automatizada del combustible.

Los principales inconvenientes de la biomasa son el espacio necesario para almacenar el combustible, la necesidad de energía eléctrica en instalaciones pequeñas para poder comenzar la combustión y el precio de la caldera. En la actualidad hay disponible tecnología para alimentación automática de combustible, control de aire de aporte en función de la composición de O2 en la salida de humos, sistemas antirretorno de llama, eliminación automático de cenizas, etc., pero todas estas tecnologías incrementan el precio de la instalación. Por otra parte hay que tener cuidado con la posible emisión de partículas con los humos, si la tecnología de retención no es adecuada, y que pueden provocar un elevado impacto ambiental si la densidad de calderas de biomasa en núcleos urbanos es elevada.

 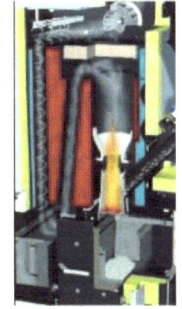 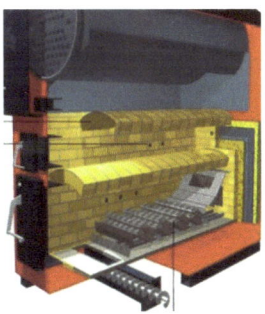

Fig. 5. Instalaciones que utilizan biomasa. Estufa de biomasa (izquierda). Caldera individual de biomasa (centro). Caldera pirotubular para instalaciones centralizadas de edificios (derecha).

3.1.3 *Instalaciones de energía geotérmica*

La energía geotérmica es, en su más amplio sentido, la energía calorífica que la Tierra transmite desde sus capas internas hacia la parte más externa de la corteza terrestre. Como ocurre con cualquier otra fuente de energía, el nivel térmico al que se encuentra determina el uso de la misma. Una clasificación de los diferentes yacimientos de energía geotérmicos son los que se presentan en la Tabla 1:

Tabla 1. Clasificación de la energía geotérmica

Denominación	Rango de Temperatura [°C]	Principal uso
No convencionales	Supercríticos > 300	Electricidad
	EGS-HDR > 150	Electricidad
Alta temperatura	Temperatura > 150	Electricidad
Media temperatura	100 < Temperatura < 150	Electricidad y Calor
Baja temperatura	60 < Temperatura < 100	Calor uso directo
	25 < Temperatura < 50	Uso directo o B.C.
Muy baja temperatura	5 < Temperatura < 25	Bomba de calor Pozos Provenzales

A la vista de la tabla se observa que la principal aplicación de la energía geotérmica es para electricidad, pero solo es aplicable cuando existan yacimientos de agua o vapor, bien por ser un yacimiento natural o porque sean térmicamente estimulados (EGS) en sistemas de roca seca (HDR) con inyección de agua, pero esto solo viable económicamente en zonas geológicamente activas.

Las principales aplicaciones de la energía geotérmica en edificios está asociado al uso de una bomba de calor donde la unidad exterior se encuentra en el terreno, aprovechando el nivel térmico del mismo y mejorando por tanto los rendimientos de generación de calor y/o frío, o mediante los denominados pozos provenzales, en los que se atempera el aire de ventilación de los edificios para que en invierno entre más caliente y en verano más frío.

El sistema de bomba de calor también se considera geotérmico cuando utiliza el nivel térmico del agua de un pozo, pero sería una instalación hidrotérmica convencional y precisa de agua en cantidad suficiente y utilizar un pozo de reinyección del agua utilizada. La instalación geotérmica utiliza la inercia térmica del terreno en el que se han instalado las denominadas sondas, que es un intercambiador de tubos de alguno de los distintos tipos de plástico que pueden soportar los niveles de temperatura y presión a los que opera la instalación. Las sondas pueden ser horizontales o verticales. En la Figura 6, se muestran algunas configuraciones típicas de instalaciones geotérmicas con bomba de calor.

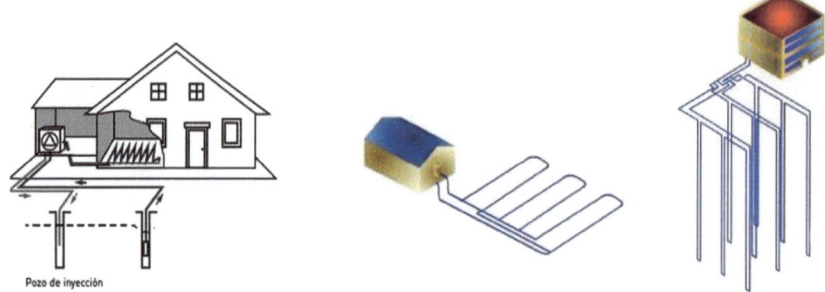

Fig. 6. Instalaciones de bombas de calor geotérmicas. Hidrotérmica con pozos de reinyección (izquierda). Geotérmicas con sondas horizontales (centro) y con sondas verticales (derecha).

Los sistemas geotérmicos de bombas de calor por sondas es conveniente que operen a lo largo de todo el año, proporcionando calefacción en invierno (extrayendo calor del terreno) y dando refrigeración en verano (aportando calor al terreno). Esto permite una regeneración térmica del suelo que operará como un sistema de acumulación entre las estaciones a lo largo del año.

Los denominados pozos provenzales consisten en una red de conductos, por donde pasa el aire de ventilación de los edificios, enterrados en el suelo, permitiendo que en invierno se caliente y en verano se enfríe, aprovechando la inercia térmica del terreno. Hay que tener en cuenta que las características térmicas del terreno deben asegurar una adecuada regeneración del mismo para evitar que alcance las condiciones del aire de ventilación procedente del exterior. En la Figura 7 se muestran unos esquemas de operación de los pozos provenzales y fotos de la instalación del edificio LUCA, perteneciente a la

Universidad de Valladolid, que está considerado uno de los más sostenible del mundo, teniendo una certificación LEED (Leadership in Energy & Environmental Design) PLATINUM de 98 puntos sobre 100.

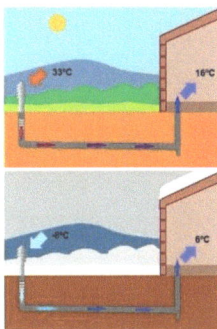

Fig. 7. Instalaciones geotérmicas por pozos provenzales. Modos de operación (Izquierda superior en verano e inferior en invierno). Centro y derecha detalles constructivos de los pozos provenzales instalados en el edificio LUCÍA de la Universidad de Valladolid (Espaa).

3.2 Enfriamiento evaporativo

La refrigeración evaporativa era el método más utilizado, antes de conocer los principios de la refrigeración por compresión. Data de cerca de 2500 años antes de Cristo, difundiéndose principalmente en la India, Irán, Egipto y Persia, donde se conocía como uno de los procedimientos de enfriamiento más efectivos, debido a la gran cantidad de calor latente que involucra la evaporación de agua.

El enfriamiento evaporativo es un proceso de transferencia de calor y masa basado en la conversión del calor sensible en latente: el aire no saturado es enfriado por la evaporación de agua sin intercambio de energía con el entorno. En estas condiciones, parte de la carga de calor sensible del aire se convierte en calor latente por la evaporación de una cantidad de líquido determinada, consiguiendo que la temperatura seca del aire sea menor a medida que su calor sensible se transforma en latente.

Este intercambio de calor sensible y latente tiene lugar hasta que el aire se satura y la temperatura del aire y el agua se igualan alcanzando el valor de la temperatura de saturación adiabática. En un enfriamiento evaporativo el proceso seguido por el aire es casi adiabático, ya que el único aporte energético es el procedente de la pequeña cantidad de agua aportada a la evaporación. En dichas condiciones, se puede realizar un balance energético por unidad de masa de aire seco tratado, tal y como establece la ecuación 2:

$$i + (X_s - X) \cdot i_w = i_s \qquad (2)$$

Siendo i: la entalpía del aire húmedo o del agua y X: la humedad específica del aire húmedo. Esta evolucin se puede presentar en un diagrama psicromtrico, segn se muestra en la siguiente Figura 8:

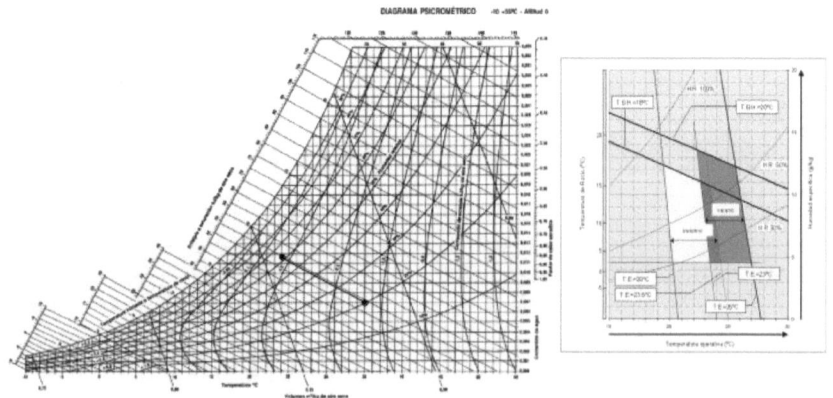

Fig. 8. Evolución psicrométrica de un proceso de enfriamiento evaporativo adiabático (izquierda) y diagrama de confort de ASHRAE (derecha).

Como puede observarse en la evolución representada, el aporte de humedad mediante un sistema de pulverización de agua o por la evaporación desde una superficie húmeda, permite que el aire en unas condiciones de 35°C y 20% de humedad relativa, (habituales de verano en climatologías continentales en las cuales las personas tienen sensación de calor), pueda evolucionar hasta aire a 24°C y 63% de humedad relativa, donde la sensación de confort (ver diagrama de ASHRAE en la Figura 2) es mucho mejor.

El ahorro de energía que proporcionan estos dispositivos es muy importante, sobre todo en aquellos lugares donde la humedad del ambiente no es muy elevada, pero como inconveniente de estos sistemas se encuentra la posibilidad de proliferación de la "Legionella Pneumophil", que es una bacteria que puede llegar a ocasionar la muerte y que obliga a que, al igual que en las torres de enfriamiento o en los sistemas de generación de agua caliente sanitaria centralizada con acumulación, el mantenimiento de estas instalaciones en cuanto a limpieza, tratamientos de desinfección física o química, etc. sea muy importante.

3.3 Energía residual de servicios propios

Esta situación solo se da en aquellos edificios pertenecientes a industrias (o edificios próximos a esas instalaciones), que pueden beneficiarse de algún efluente térmico residual con suficiente temperatura para aprovechar esa energía para dar calefacción o generar ACS.

Habitualmente los efluentes térmicos residuales poseen un nivel térmico bajo, lo que hace muy difícil que pueda aprovecharse esa energía nuevamente en el proceso productivo. El uso de instalaciones que precisen niveles térmicos reducidos, como es el caso de los emisores por suelo radiante o fancoils, pueden utilizar esos efluentes, aunque su nivel térmico sea de entre 40 y 50 C. Esos niveles de temperatura también pueden ser suficientes para aportar ACS. No obstante, si son instalaciones centralizadas, habrá que colocar un sistema de apoyo que permita alcanzar las temperaturas necesarias de acumulación para evitar, (al igual que en los sistemas de enfriamiento evaporativo), los problemas asociados a la "Legionella".

3.4 Enfriamiento gratuito

El sistema de enfriamiento gratuito por aire exterior, comúnmente conocido como "free-cooling", es sin duda el líder del ahorro energético. Consiste en utilizar aire del exterior normalmente solo filtrado, cuando su temperatura es inferior a la del local, para aportan refrigeración, mejorando ostensiblemente la calidad del aire en el interior, dado que se incrementa la tasa de renovación de aire. Otra alternativa es utilizar el enfriamiento proporcionado con agua enfriada en una torre de refrigeración, cuando la temperatura del agua procedente de la torre es inferior a la del aire.

En la estación invernal las demandas principales de los edificios suelen ser de calefacción, pero hay locales que por sus características específicas, como comercios, salas de fiestas, restaurantes, etc., poseen una elevada carga latente y sensible, y si las condiciones existentes en el aire exterior son adecuadas, hacen que resulte más eficaz utilizar aire del exterior para enfriar el local que no tener que poner en funcionamiento un sistema de enfriamiento convencional por compresión mecánica.

Para poder utilizar un sistema de enfriamiento gratuito por aire, es necesario que los sistemas de climatización de los locales sean por aire y que las unidades de tratamiento de aire estén equipadas con los adecuados sistemas de compuertas, ventiladores y control, necesarios para realizar un control adecuado de la instalación. Mediante un control adecuado el sistema free-cooling debe permitir adaptarse a las diferentes situaciones que se pueden plantear de cargas internas y climáticas, actuando sobre las compuertas de aire y los equipos que deben estar en operación, de modo que se consiga que el aire de impulsión alcance las condiciones higrotérmicas adecuadas con el menor coste energético.

Tal como se ha avanzado, las dos disposiciones que permiten aprovechar las condiciones energéticas del aire exterior son, bien utilizar directamente el aire exterior (free cooling por aire exterior), o utilizar el aire exterior para enfriar agua en una torre de refrigeración (free cooling por agua), utilizando el agua fría para enfriar a su vez el aire que se impulsará al interior de los locales. En la Figura 9 se muestran estas dos disposiciones.

A menudo en las instalaciones se utilizan instalaciones de free-cooling por aire exterior combinadas con sistemas de recuperación de energía que se verán posteriormente, utilizando uno u otro en función de las características energéticas del aire exterior y del aire de retorno del local.

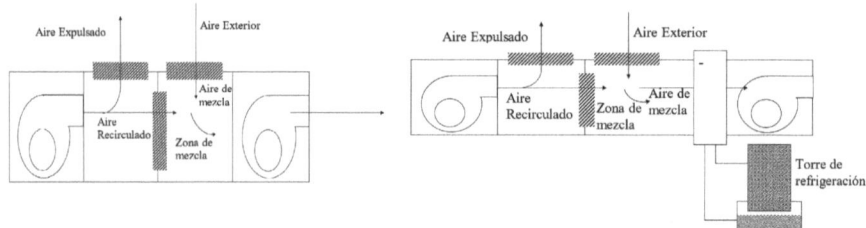

Fig. 9. Sistemas de free cooling. Por aire (izquierda) y por agua (derecha).

4 OPTIMIZACIÓN DE LA EFICIENCIA DE LOS PROCESOS

Las dos primeras propuestas referentes a adecuar producción y demanda (regulación y fraccionamiento de potencia), así como la acumulación de calor, no se abordarán en el presente capítulo. Simplemente conviene indicar que la primera de las opciones pretende que las instalaciones permitan ajustar la cantidad de energía generada a la demandada, por ejemplo utilizando quemadores de gas modulantes que ajusten la generación de calor a la demandada por el edificio. En el segundo caso utilizando sistemas de acumulación de calor, se evitan las pérdidas asociadas a los procesos de arrancada y parada de las instalaciones. Por ejemplo en las calderas de biomasa resulta muy eficaz poner sistemas de acumulación, ya que el comienzo de la combustión se realiza habitualmente con un sistema eléctrico de calentamiento de aire, por lo que encender una vez la caldera y acumular la energía generada resulta muy rentable.

4.1 Recuperación de energía

En la Figura 1 se observa que hay dos procedimientos que pueden considerarse sistemas de recuperación de energía, aprovechar la energía contenida en el aire de expulsión aportándosela al aire de ventilación, o llevar calor desde las zonas donde tienen exceso (demanda de refrigeración) a las zonas con defecto (demanda de calefacción).

4.1.1 *Recuperación de energía del aire de expulsión*

Consiste en utilizar la energía residual del aire expulsado de los locales por encontrarse viciado, aportándosela al aire del exterior limpio utilizado para la ventilación, de esta forma se reduce el consumo, los costes energéticos e incluso el tamaño de las instalaciones de generación de calor y/o frío, dado que esas instalaciones tendrán que acondicionar aire en condiciones más próximas a las que es necesario impulsar el aire al interior de los locales siendo menos, por tanto, la posterior demanda y la potencia demandada será menor. La ecuación que permite calcular la energía recuperada con un recuperador de calor nos determina las condiciones en las cuales el sistema será más eficaz:

$$E_{rec} = \rho \cdot \dot{V} \cdot \Delta i \cdot t \qquad (3)$$

Siendo: E_{rec} la energía recuperada, ρ la densidad, el caudal volumétrico de aire, Δi la diferencia de entalpía específica entre el aire de expulsión y el de ventilación y t el tiempo de operación.

A la vista de la ecuación se puede concluir que los recuperadores de calor del aire de extracción en edificios encuentran las condiciones de aplicación más favorables, cuando el calor recuperado es elevado, esto es, si se verifican una o más de las condiciones siguientes:

(1) Caudales de aire exterior de ventilación y de expulsión son muy elevados ($\dot{V}$ alto).
(2) Número de horas de funcionamiento de la instalación es elevado (t alto).
(3) Durante el año la diferencia de entalpías específicas del aire entre el interior y el exterior es elevada. (Δi alto).

Existen diferentes tipos de recuperadores de energía como los sistemas Heat Pipe, tubos termosifónicos, los sistemas de bombas de calor como recuperador (también llamados de recuperación), de dos baterías con bomba (o run-arround), etc., pero los sistemas más utilizados en edificios son los recuperadores de placas y los rotativos.

a.- Recuperadores de placas.

Son intercambiadores de flujo cruzado, que están constituidos por una carcasa de forma rectangular abierta por sus dos extremos, cuya sección transversal se subdivide en múltiples pasajes en una configuración celular formada por una matriz de placas de diferentes materiales (plástico, cartón, papel o metal). En la figura 10 se muestra un esquema de funcionamiento. El aire de impulsión pasa a través de un lado de la placa y el de extracción a través del otro, efectuándose el intercambio térmico entre los flujos. Un número superior de placas, aumenta la superficie de fricción con los fluidos en circulación, pero al proporcionar mayor sección de paso con la consecuente reducción de velocidad, (al igual que en el resto de los intercambiadores de placas paralelas), disminuye la pérdida de carga que experimentan los fluidos.

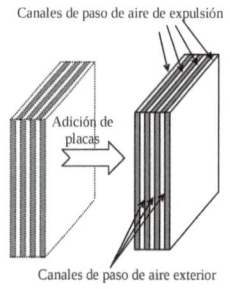

Fig. 10. Esquema de operación de un recuperador de placas (izquierda), recuperador de calor sensible de placas de aluminio y efecto de un recuperador entálpico de cartón (derecha).

De acuerdo con los métodos de clasificación adoptados podríamos definir estos recuperadores como sistemas aire/aire, que permiten recuperar, según el material con el que estén fabricados energía sensible o total. Un intercambiador de placas metálicas solo permitirá recuperar energía sensible asociada a la variación de temperatura, mientras que un recuperador de cartón, (material que permite el paso del vapor de agua cuando entre las dos corrientes que circulan por el intercambiador exista una diferencia entre las presiones de vapor), permite el intercambio de calor sensible asociado a la diferencia de temperaturas y de calor latente asociado a la diferencia de humedad.

En cualquier caso, aunque el sistema recupera energía, siempre el incremento de la pérdida de carga que introduce el recuperador, provoca un incremento en el consumo de los ventiladores si se pretenden mantener los caudales de expulsión y ventilación.

b.- Recuperadores rotativos.

Están formados por una carcasa que contiene una rueda o tambor que gira. Esta es construida con un material permeable al aire y caracterizado por una gran superficie de contacto resistente a la abrasión. Dos sectores separan el flujo del aire exterior del flujo de aire de expulsión (adyacente y en contracorriente). Al girar la rueda o tambor, el material de construcción, es atravesado alternativamente por las dos corrientes de aire, con un período que queda definido en función de la velocidad de rotación. En la Figura 11 se presentan una fotografía del aspecto exterior y el esquema de circulación de las corrientes de aire en el recuperador.

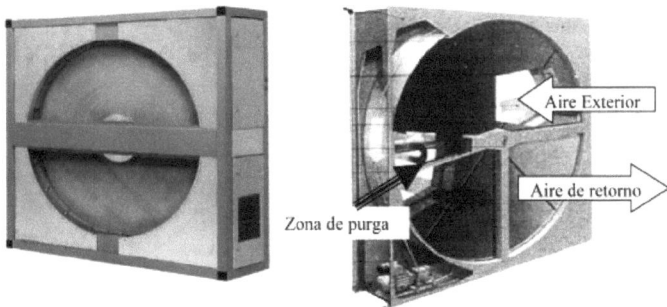

Fig. 11. Recuperador rotativo (izquierda) y esquema de operacin (derecha).

En su rotación el tambor absorbe calor de la corriente de aire más caliente, calentando el material de relleno, y lo cede a la corriente de aire más frío. El calentamiento y enfriamiento sucesivo permite transportar energía sensible entre las dos corrientes de aire que circulan a través del recuperador. De forma equivalente, si el tambor está impregnado de un material higroscópico puede intercambiar también energía latente por el intercambio de humedad. Por tanto pueden intercambiar calor sensible o calor sensible y latente, según sean las características higroscópicas del rotor.

Estos recuperadores se denominan regenerativos, dado que las dos corrientes de aire circulan por el mismo espacio físico, que en este caso son los caminos de la estructura sólida del recuperador rotativo. Esto provoca que haya elevada probabilidad de que se produzca contaminación de la corriente de aire limpio (ventilación), con parte del aire sucio by-passado de la corriente de expulsión. Para evitar esto se coloca una zona de purga que, aunque reduce la eficacia del recuperador, permite hacer un barrido del aire contenido en la estructura del rotor.

4.1.2 Transferencia de calor entre zonas del edificio

A menudo, debido a la orientación de los edificios y a las cargas internas, aparecen zonas con diferente demanda a lo largo del año. Por ejemplo en primavera y otoño, las zonas que están expuestas al sol pueden precisar demanda de refrigeración, mientras que las zonas opuestas, donde no incide la radiación solar, se encontrarán en demanda de calefacción para mantener en el interior del edificio unas determinadas condiciones de confort.

Una solución sencilla sería poder transportar con un ventilador mediante conductos de aire, (por ejemplo colocados en el falso techo), el aire caliente de la zona que demanda refrigeración hasta la zona que demanda calefacción, pero esta instalación ocupa demasiado espacio y precisaría que las zonas siempre estuvieran en unas determinadas condiciones de demanda.

Para dar mayor versatilidad a la instalación, lo que se hace es utilizar sistemas de bombas de calor que permitan aprovechar el calor disipado en el condensador para aportar calefacción a unas zonas y el frío del evaporador a las zonas con demanda de refrigeración.

Esta instalación se puede hacer mediante sistemas que utilizan agua o refrigerante en la distribución de energía. Los sistemas que utilizan agua (hidrónicos) precisan de acumulación y medios adicionales de disipación de la energía no utilizada cuando las demandas no estén equilibradas.

Los sistemas de bomba de calor, con caudal de refrigerante variable a tres tubos en configuración recuperativa, como el mostrado en la Figura 12, permiten intercambiar energía entre zonas que tengan diferente demanda, pero también operar como un sistema de bomba de calor convencional que permita en todos los espacios aportar calor o frío. Lo más importante en el planteamiento de estos sistemas es que las zonas a las que de servicio un determinado equipo se encuentren el máximo tiempo a lo largo del año con diferentes demandas, esto es, que simultáneamente estén dando servicio a zonas en demanda de calefacción y zonas en demanda de refrigeración. Esto permite que el consumo del compresor disminuya y que se pueda aprovechar durante el mayor tiempo posible al cabo del año, tanto la energía de condensación como la de evaporación del refrigerante en el ciclo frigorífico de compresión mecánica.

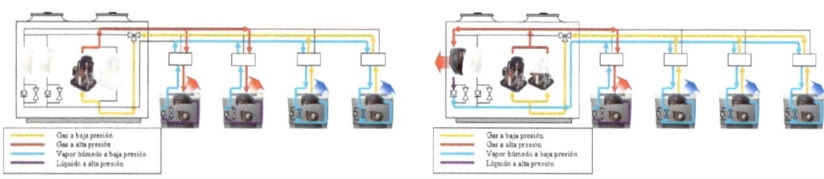

Fig. 12. Sistema de refrigerante variable a tres tubos en configuración recuperativa.

Referencias

[1]   Dr. Francisco Javier Rey Martínez, Dr. Eloy Velasco Gómez y Dra. Cristina Cano Herrador, Grupo GIR Termotecnia, Universidad de Valladolid, Capítulos: Edificios cero energía (ZEB), Integración de energías renovables en la edificación, Certificación energética de edificios en Europa.. Libro: Eficiencia Energética en Edificios. Editorial Red CYTED - Gestión Y Eficiencia Energética Para Un Desarrollo Sostenible (GEESOS). ISBN 978-959-7136-86-6.

[2]   Eloy Velasco Gómez Ana Tejero González y Manuel Andrés Chicote. Capitulo 11 Enfriamiento Gratuito y Recuperación de Energía en instalaciones todo Aire - Free Cooling and Energy Recovery in Building All Air Systems Libro: Arquitectura Ecoeficiente, Tomo I. Editorial de la Universidad del País Vasco. ISBN 978-84-9860-688-1. Año 2012. San Sebastián. España.

[3]   Francisco Javier Rey Martínez, Cristina Cano, Sergio L. González. Capitulo 8 Bombas de Calor. Tecnología Renovable y Energéticamente Eficiente en Edificios Heat Pumas - A Renewable and Energy-Efficient Technology in Buildings Libro: Arquitectura Ecoeficiente, Tomo I. Editorial de la Universidad del País Vasco. ISBN 978-84-9860-688-1. Año 2012. San Sebastián. España.

[4]   Francisco Javier Rey Martínez, Eloy Velasco Gómez, Julio Francisco San José Alonso, Ana Tejero González y Manuel Andrés Chicote, Grupo GIR Termotecnia, Universidad de Valladolid, Capítulo: Auditorías energéticas. Libro: Eficiencia Energética en la Industria. Editorial Red CYTED - Gestión Y Eficiencia Energética Para Un Desarrollo Sostenible (GEESOS). ISBN 978-959-257-351-2.

[5]   Manuales de Energías renovables del Instituto de Diversificación y Ahorro de Energía (IDAE):
a.   Manual de geotermia. ISBN:978-84-96680-35-7. 2008. Madrid. España.
b.   Energía de la biomasa.2007. Madrid. España.
c.   Biomasa edificios. ISBN-13: 978-84-96680-19-7. 2007. Madrid. España.
d.   Energía solar térmica.2006. Madrid. España.
e.   Ahorro y recuperación de energía en instalaciones de climatización.

[6]   Rey Martínez, F.J.; San José Alonso, J.F.; Velasco, E.; lvarez-Guerra Plasencia, M.; Recuperación de energía en Sistemas de Climatización, ATECYR, D.T.I.E. 8.01. Madrid, España, 1996.

[7]   Rey Martínez, F. J.; Velasco Gómez, E. Bombas de calor y energías renovables en edificios, Editorial Paraninfo. ISBN 84-9732-395-5. Madrid, España, 2005.

[8]   Rey Martínez, F. J.; Velasco Gómez, E. Eficiencia Energética en Edificios, Editorial Paraninfo. ISBN 84-9732-419-6. Madrid, España, 2006.

[9]   Rey Martínez, F. J.; Velasco Gómez, E. lvarez Guerra, M. y Molina Leyva, M. Refrigeración evaporativa, Editorial El Instalador. Suplemento al n 360 de enero del 2000, Madrid.

CARACTERIZACIÓN DE UN TUBO DE CALOR MEDIANTE LA SIMULACIÓN. UNA OPCIÓN EFICIENTE DE SELECCIÓN E IMPLEMENTACIÓN INDUSTRIAL

Fernando Enrique Flores Murrieta, Máximo Moen Cano, José Manuel Carrión Jiménez

Universidad de Quintana Roo. División de Ciencias e Ingenierías. Edif."L", 2º piso. Blvd. Bahía s/n, esq. I. Comonfort. Col. Del Bosque. Chetumal, Q. Roo. C. P. 77019.
feflores@uqroo.edu.mx

1 RESUMEN

Se realiza la descripción de los dispositivos denominados tubos de calor y se mencionan las ventajas y su importancia tecnológica en aplicaciones tales como recuperadores de energía. En ese sentido, este trabajo tiene por objetivo la simulación del comportamiento térmico de un tubo de calor con distintos fluidos de trabajo a diferentes condiciones de operación de aire exterior. Para analizar el comportamiento teórico de un tubo de calor se realizaron simulaciones para caracterizarlos teóricamente en términos de calor sensible recuperado. Para ello, se utilizó un software computacional, en el cual, se introdujeron, entre otras variables, las temperaturas a simular tomando en cuenta aquellas que es posible encontrar en una instalación de aire acondicionado situada en un clima cálido. Esto permite hacer un análisis general sobre las ventajas que implica implementar este tipo de tecnología, e identificar el fluido de trabajo que permita lograr una mejor recuperación de energía en muy poco espacio, y así permitir un ahorro y uso eficiente de la energía en las instalaciones de climatización.

2 INTRODUCCIÓN

La recuperación de energía es uno de los aspectos que hoy en día adquiere una importancia en el ahorro energético de los sistemas de climatización (recuperación del calor del aire de retorno), y que consiste en la reutilización de energía que normalmente es desaprovechada en las instalaciones térmicas de las edificaciones y, en la mayoría de los casos, se evacuan al exterior perdiéndose totalmente [1].

La recuperación de energía presenta como principales ventajas las siguientes:

1. Reducción del consumo de energía en las instalaciones de climatización, reduciendo el impacto medioambiental y los gastos de explotación.
2. Reducir el tamaño de los equipos de generación de calor y frio, al reducir la necesidad de energía.
3. Menor cantidad de fluidos refrigerantes que pueden tener efectos medioambientales sobre la capa de ozono o provocar el efecto invernadero.

Un recuperador de energía es un dispositivo que permite reutilizar la energía residual de un proceso para maximizar la eficiencia del equipo eléctrico.

Es aquí donde la tecnología de tubos de calor o "heat pipes", utilizada tanto para el transporte de energía como para otras aplicaciones como son disipación de calor residual toma una gran importancia ya que estos dispositivos permiten hacer un intercambio eficiente de calor sin poner en contacto los fluidos de trabajo [2].

Los tubos de calor son unos dispositivos que permiten el transporte de calor con una resistencia térmica muy baja. Su estructura es muy similar a la bomba de calor, pero no necesitan aporte de trabajo mecánico ya que el calor se transfiere desde un dispositivo térmico a otro que está en menor temperatura.

En ese sentido y dada la problemática de derroche energético que se da en las regiones cálidas y húmedas, como lo es el Estado de Quintana Roo, es indispensable desarrollar una alternativa para los sistemas de climatización que permita vislumbrar la posibilidad de amortiguar el consumo energético en las instalaciones, prioritariamente en la industria hotelera y en el sector comercial.

Por lo anterior, la finalidad de éste trabajo es caracterizar térmicamente diferentes tubos de calor mediante un software computacional, de tal manera que se tengan elementos para implementar la mejor opción en un recuperador de energía que permita reducir la temperatura del aire de entrada en los equipos de enfriamiento de una instalación de climatización.

La tecnología de tubos de calor es una solución al problema de transferir grandes cantidades de calor en espacios limitados ya que cuentan con una conductancia térmica muy elevada con respecto a una barra de material conductor macizo como el cobre, abriendo las posibilidades a muchas aplicaciones en el sector industrial, comercial y de servicios ya que hacen posible transferir la energía en grandes cantidades de un punto a otro por lo que se consigue mejorar la eficiencia de los sistemas [2].

3 Recuperadores de energía

Definición: Se entiende por recuperador de energía a aquel dispositivo que permite la reutilización del calor residual de un sistema y cuyo objetivo final es alcanzar la eficiencia máxima de la instalación, dicho de otra forma, es un aparato de transferencia térmica destinado a recuperar energía residual [1]. Existen diferentes maneras de recuperar la energía residual:

▷ **Proceso a proceso**: El calor de extracción de un proceso industrial, por ejemplo, de un horno, se envía al circuito de suministro de una instalación para precalentamiento de aire, logrando una recuperación de calor del 70% de calor sensible; el calor latente en este caso es prácticamente despreciable [3].

▷ **Proceso a confort**: El objetivo no es lograr la máxima recuperación de calor, sino un nivel adecuado de ésta. Aquí también se recupera calor sensible. La desventaja es que sólo funciona en invierno, por lo que no es reversible; y los efectos a considerar serán sobre todo los corrosivos, los contaminantes y los condensables del vapor [3].

▷ **Confort a confort**: Consiste en transferir energía del aire de extracción al de suministro. Una de las grandes ventajas es que la entalpía del aire de suministro baja en verano y se incrementa en invierno. Este tipo de recuperadores se clasifica a su vez en dos grandes grupos [3]:
  - **De calor sensible**.
  - **De calor total**.

Los primeros transfieren sólo calor sensible (temperatura de bulbo seco). Los último transfieren calor sensible (temperatura de bulbo seco) y calor latente (humedad específica).

Con los recuperadores de calor sensible y total se consigue:

– Reducir la central energética (costos de inversión).
– Reducir el consumo de energía de funcionamiento (costos de explotación).

Los recuperadores de calor encuentran las mejores condiciones de aplicación en sistemas de climatización cuando se verifican una o más de las condiciones siguientes [3]:

1. Cuando los caudales de aire exterior de ventilación y de extracción son elevados. Como en instalaciones a todo aire exterior de hospitales, colegios, laboratorios, piscinas, aplicaciones industriales con elevadas cargas internas, etc.
2. Cuando el número de horas de funcionamiento de la instalación de ventilación y de extracción sea elevado.
3. Cuando la estación de verano está caracterizada por un elevado número de horas con temperaturas a bulbo seco y bulbo húmedo relativamente elevadas y la estación invernal por un elevado número de grados-días. Es

decir que, la demanda energética de la instalación de climatización durante el año es elevada.

Estos se emplean para la transferencia de calor entre dos fluidos (aire, gases de combustión, etc.) aplicados en climatización permitiendo una mejora en la calidad del aire interior, IAQ (Indoor Air Quality) [3].

Los recuperadores se calculan y seleccionan de forma individual para cada aplicación y la recuperación debe ser superior al 45% de rendimiento, en las condiciones más extremas de diseño [4].

Se debe tener en cuenta que toda recuperación de calor constituye un sistema integrado dentro de un proceso, de manera que se reduzca el consumo de energía con un costo global aceptable. Como consecuencia de esto, la recuperación de calor sólo podrá considerarse efectiva como parte integrante de un esquema bien concebido y cuidadosamente diseñado [3].

Para aplicaciones de climatización existen diferentes tipos de diseño de recuperadores de calor que se utilizan comercialmente:

▷ Recuperadores de calor evaporativos.
▷ El Recuperador de doble batería de serpentines
▷ Recuperador estático o de placas
▷ Recuperador rotativo/entálpico
▷ Recuperador por circulación y rociado
▷ Recuperador tipo bomba de calor
▷ Recuperador por "tubo de calor" (HEAT PIPE):

La Tabla 1 muestra las eficiencias típicas de los diferentes tipos de recuperadores de energía [5].

Tabla 1. Eficiencias típicas de recuperadores de calor más comunes [5].

Recuperador	Eficiencia (%)	Per Pres (pa)
Rotativo	70 a 90 %	100 a 180
Placas	45 a 65 %	120 a 400
Tubos de calor	50 a 80 %	100 a 500
Dos baterías	40 a 60 %	150 a 300
Cirrculación y rociado	60 a 70 %	150 a 300
Evaporativo indirecto	50 a 70 %	50 a 350

Considerando las limitaciones que se tienen en las instalaciones industriales y en virtud de la geometría compacta de los dispositivos, más el amplio rango de eficiencia, los tubos de calor son mayormente aceptados como recuperadores de energía.

4 Descripción de un tubo de calor

Un tubo de calor o heat pipe es un dispositivo utilizado para transportar energía térmica de un punto a otro por medio de la evaporación, y posterior condensación del fluido de trabajo, en el que se mantiene la circulación del fluido por fuerzas capilares. El tubo de calor es un sistema de alta conductancia térmica y comprende un ciclo de evaporación-condensación y consta de un relleno poroso o malla metálica fina que está dispuesta en la superficie interior del tubo, y por fuerzas capilares, hacen que el condensado fluya hacia el evaporador. La Figura 1, muestra las partes que constituyen un tubo de calor e ilustra el flujo del fluido de trabajo.

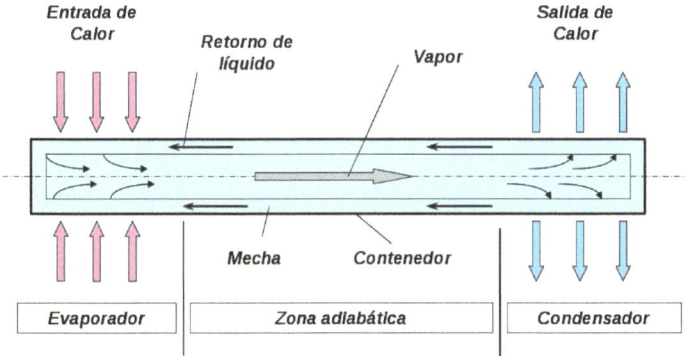

Fig. 1. Tubo de calor y sus elementos [6].

4.1 Aplicaciones de recuperadores de energía basados en tubos de calor

Los recuperadores de energía basados en la tecnología de tubos de calor tienen una muy extensa área de aplicación para la climatización de:

- Hospitales.
- Hoteles.
- Escuelas y Universidades
- Bibliotecas
- Museos
- Cuartos Limpios
- Teatros
- Fabricantes de alimentos y bebidas
- Restaurantes
- Supermercados

Las aplicaciones de tubos de calor en sistemas de climatización para zonas tropicales permiten bajar los niveles de humedad, manteniendo el confort térmico interior y logrando ahorros sustanciales de energía hasta de un 50% en los costos de energía eléctrica en diferentes tipos de edificaciones [2].

5 Desarrollo teórico para el diseño de un tubo de calor

Un tubo de calor es un sistema cíclico evaporador-condensador en el cual el líquido fluye desde el condensador hacia el evaporador a través de una estructura capilar y el vapor que fluye por diferencia de presiones, va desde el evaporador hacia el condensador. Se puede decir que está constituido de un tubo hueco que resguarda en su interior a varias capas concéntricas de una fina malla de alambre o bien, resguarda un relleno poroso. En cualquiera de los casos, el fin es crear un medio físico que permita el bombeo capilar del fluido de trabajo.

El principio del tubo de calor es que de manera simultánea se lleva a cabo el calentamiento de un extremo mientras que el otro se enfría, es decir, el fluido de trabajo en estado líquido se evapora en el extremo caliente y se condensa en el extremo frío. A medida que el vapor sale de la sección de evaporación, se forman espacios carentes de líquido en esa zona. De manera simultánea, en la sección de condensación el relleno poroso queda inundado de fluido de trabajo. Técnicamente, en la zona de evaporación, la tensión superficial que actúa en la interfase líquido-vapor hace que la presión de vapor sea mayor que la del líquido. La presión del vapor se transmite hasta la zona de condensación inundada, de tal forma que las presiones del líquido y el vapor son prácticamente iguales. De esta manera, el líquido es impulsado desde el condensador hasta el evaporador y se denomina bombeo capilar.

Las ecuaciones de diseño resultan de analizar las fuerzas que intervienen en el proceso y que permiten cerrar el balance de masas en el interior del tubo de calor, o lo que es lo mismo, analizar las fuerzas que permiten el retorno del líquido desde el condensador hasta el evaporador. Estas expresiones, aplicadas a las fuerzas en las zonas de evaporación y condensación, pueden ser presentadas como función de las pérdidas de carga en las diferentes zonas del tubo de calor. Para simplificar el cálculo, generalmente el balance se realiza para una longitud efectiva del tubo que está comprendida entre los centros de las dos zonas que se consideran evaporador y condensador. También se considera: la altura capilar y gravitacional; las caídas de presión en la fase líquida y en la fase de vapor; las propiedades del fluido de trabajo.

6 Criterios de dimensionamiento de un tubo de calor

En el diseño de un tubo de calor, el flujo másico determina el flujo de calor transportado, que será el producto del calor latente de vaporización del fluido de trabajo por ese flujo másico. Esto es, la potencia calorífica que se absorbe en el evaporador y se libera en el condensador.

Para diseñar un tubo de calor es preciso determinar el diámetro necesario para permitir el intercambio del flujo de calor que necesitamos entre la zona de condensación y evaporación. Para ello, inicialmente deberemos tener en cuenta las limitaciones al transporte de calor que pueden aparecer por los fenómenos de distinta naturaleza que se presentan en estos dispositivos.

Ya se ha indicado que la capilaridad es responsable del transporte másico, y como consecuencia del transporte térmico en un tubo de calor. La capacidad de transporte de calor puede estar limitada por otros fenómenos físicos, como el comienzo de la ebullición del líquido, el arrastre del líquido de los poros con el vapor, alcanzar en la fase vapor, la velocidad sónica, la viscosidad, etc.

7 Simulación de un tubo de calor

La simulación consiste en diseñar, desarrollar o aplicar un modelo de un sistema o proceso y posteriormente conducir experimentalmente este modelo para entender el comportamiento real del sistema o evaluar varias estrategias con las cuales puedan operar el sistema de manera más eficiente.

La simulación de procesos es una excelente herramienta de la ingeniería, ya que simplifica los procesos y los hace más entendibles para el usuario. Asimismo, abarata los costos cuando se implementan a nivel real. En muchos casos la simulación es prácticamente indispensable, ya que se reducen los tiempos de respuesta en las decisiones para la adquisición o desarrollo de un sistema.

Existen muchos programas de simulación involucrados con los procesos de transferencia de calor y flujo de fluidos, tales como: COMSOL; QUICKFIELD; HEXTRAN; SOLIDWORKS; FEMAP Thermal; LAB VIEW; FLUENT; TRNSYS, etc. En el caso aquí tratado, el cálculo de los tubos de calor se realiza de acuerdo al campo de aplicación en la que se pretende recuperar el calor y se emplea el programa desarrollado por Miranda [7], ya que es ex profeso para el diseño y caracterización de tubos de calor. La implementación del programa tiene por objeto caracterizar a un tubo de calor, que en conjunto con una serie de ellos, conformarán un recuperador de energía que permitirá reducir la temperatura del aire de entrada en los equipos de enfriamiento de una instalación de climatización. Todo ello dentro de un amplio rango de temperaturas característicos en las instalaciones de éste tipo.

7.1 Utilización del programa HEAT PIPE

El programa HEAT PIPE permite efectuar el análisis térmico de un tubo de calor y su finalidad es con el objetivo de tener disponible una herramienta de cálculo para resolver los propios problemas con mayor rapidez. El modelo matemático utilizado en el programa está basado en las ecuaciones que gobiernan las leyes de transferencia de calor que aparecen en la literatura técnica.

El programa lleva incorporados una serie de ejemplos resueltos para que el usuario pueda ver el funcionamiento del programa sin la necesidad de introducir datos.

Se considera únicamente la forma estándar cilíndrica. Se contemplan 4 fluidos de trabajos diferentes: agua; etanol; metanol y amoníaco, y 3 rellenos distintos: malla metálica enrollada, surcos axiales y metal sinterizado.

En el caso aquí tratado se utilizaron para la simulación los fluidos: agua destilada; etanol y metanol. Como relleno se utilizó metal sinterizado.

Lo anterior es en base a la finalidad de caracterizar un tubo de calor comercial fabricado en cobre, con relleno de metal sinterizado y determinar cuál es el fluido de trabajo (agua destilada, etanol y metanol) que permite el mejor comportamiento desde el punto de vista de recuperación de calor.

7.2 Datos necesarios para el uso del programa

Los datos que necesita el programa para poder llevar a cabo una simulación de acuerdo al líquido y al relleno utilizado son los siguientes:

- Temperatura operativa
- Diámetro del pasaje del vapor
- Diámetro interior
- Diámetro exterior
- Longitud del evaporador, tramo adiabático y del condensador.
- Conductividad del material de relleno.
- Características geométricas del surco y el número de surcos en caso de utilizar este relleno.
- El numero de Mesh y el diámetro del alambre en el caso de utilizar tamiz enrollado.
- El radio medio de las partículas en caso de utilizar metal sinterizado.

7.3 El programa calcula las siguientes características

- Propiedades del fluido: presión del vapor; densidad del vapor y del líquido; viscosidad del vapor y del líquido; calor latente de vaporización; tensión superficial; conductividad del líquido.

- Permeabilidad y porosidad. Si el relleno elegido es metal sinterizado la porosidad debe introducirse como un dato proporcionado por el fabricante.
- Parámetros característicos: factor de transporte, altura de relleno, empuje de fluido.
- Altura capilar. Permeabilidad. Porosidad. Factor de arrastre.
- Las diferentes limitaciones: capilar, sónica, viscosa, de **arrastre** y de ebullición.
- Las caídas de presión del vapor, del líquido, hidrostáticas y de inercia para una tasa operativa determinada.
- Reynolds del vapor. Número de Mach. Resistencias de pared, de relleno y coeficiente global axial.

La limitación por **arrastre** es la que nos permite determinar la cantidad de energía calorífica que es capaz de recuperarse en el tubo de calor, ya que está en función de la tasa de calor transportada por el vapor y del número de Weber (relación entre las fuerzas de inercia y tensión superficial).

8 Características de los tubos de calor

Los tubos de calor simulados tienen las características siguientes:
- Material de la carcasa: Cobre
- Diámetro exterior: 8mm
- Longitud: 300mm
- Los tubos de calor se encuentran al vacío y se consideran tres fluidos de trabajo: agua destilada, etanol y metanol. Lo cual es propicio para trabajar en un rango de operación entre +5°C and 110°C.
- El relleno poroso consiste de compuesto sinterizado dispuesto en ranuras interiores (G+S).
- La resistencia térmica de un solo tubo es considerada a 50° C de temperatura de trabajo, dispuesto horizontalmente.

9 Datos para la simulación

En este caso se simularon las siguientes temperaturas exteriores tomando en cuenta entre otras, la temperatura mínima y la temperatura promedio anual en el estado de Quintana Roo (CONAGUA, 2014), tal como se muestra en la Tabla 2.

10 Resultados y discusión

Considerando las temperaturas anteriores, se tienen en la Tabla 3 las siguientes tasas de calor recuperado correspondientes a cada fluido de trabajo utilizado en el programa HEAT PIPE.

Tabla 2. Temperaturas.

T_{ext} (°C)	T_{Prom} en Q. Roo (°C)	T_{Max}) en el país (°C)
25		
30		
30.8	30.8	
35		
40		
45		
50		50

Tabla 3. Resultados de las simulaciones de las distintas temperaturas.

AGUA		ETANOL		METANOL	
T(°C)	Q. Rec. (W)	T(°C)	Q. Rec. (W)	T(°C)	Q. Rec (W)
25	44.04	25	33.62	25	38.92
30	50.28	30	37.57	30	41.71
30.8	51.35	30.8	38.17	30.8	42.82
35	56.49	35	41.07	35	48.03
40	63.74	40	44.18	40	53.24
45	70.91	45	46.92	45	57.65
50	79.24	50	49.4	50	61.45

Se observa que con las temperaturas consideradas, el calor recuperado es ascendente, directamente proporcional a la temperatura utilizada. Asimismo, se muestra el comportamiento de los tres fluidos de trabajo en las gráficas de las Figuras 2, 3 y 4.

Los resultados muestran que con el agua destilada se obtiene la mejor recuperación de energía. Tomando como referencia la temperatura de 30.8 C (temperatura máxima promedio anual para Quintana Roo), con el Agua se obtiene una recuperación de 51.35 W, con el Etanol a la misma temperatura se obtiene una recuperación de 38.17 W y con el metanol se obtiene una recuperación de 42.82 W.

11 CONCLUSIONES

Las conclusiones derivadas de este trabajo son:
El uso de la tecnología de los tubos de calor es una opción viable con la posibilidad de obtener ahorros sustanciales en las instalaciones, ya que entre sus ventajas se tiene que:

- Su funcionamiento es autónomo, sin necesidad de aportes energéticos exteriores, es de fácil adaptación a un climatizador o en conductos y carece de mantenimiento mecánico.

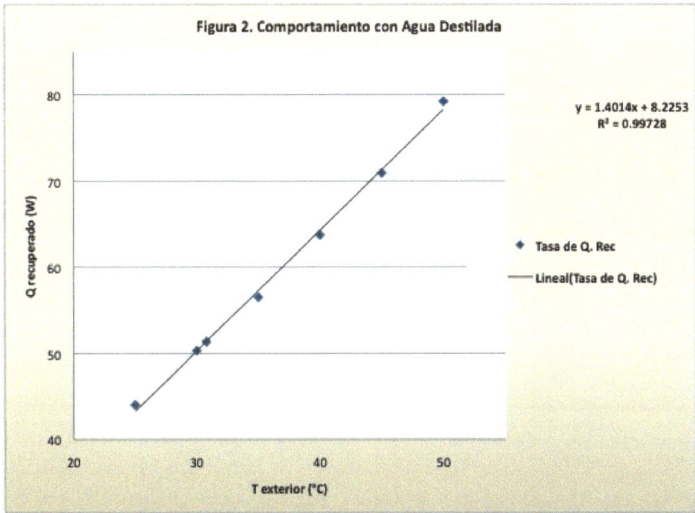

Fig. 2. Comportamiento con Agua Destilada.

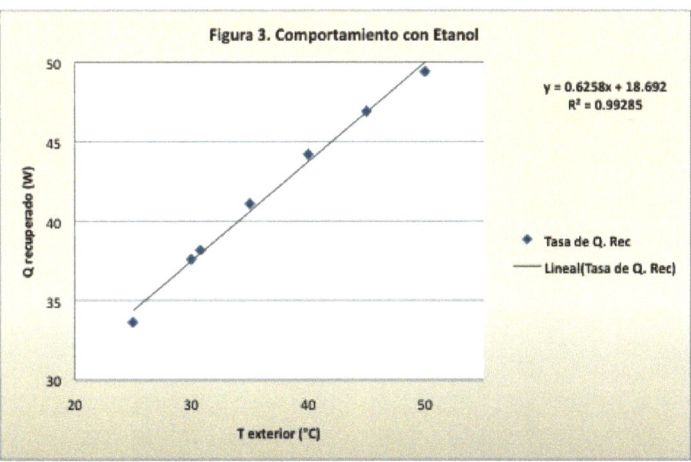

Fig. 3. Comportamiento con Etanol.

- Los tubos de calor están adaptados esencialmente a la recuperación de calor sensible
- Son adecuados para recuperaciones en las cuales es imperativo que los caudales de aire primario y secundario no deban mezclarse, ni siquiera por accidente o ruptura del recuperador.
- Pueden ir incorporados en el climatizador o conectados directamente a los conductos de aire de extracción y de retorno.
- Ocupan poco espacio comparado con el resto de sistemas de recuperación; y se consigue un coeficiente de transferencia de calor muy superior al resto

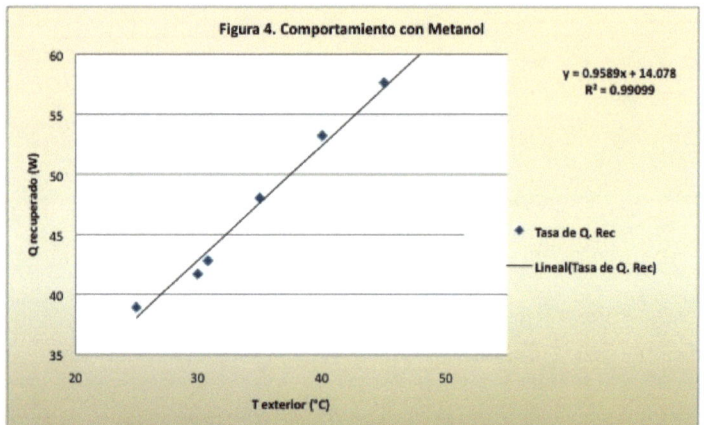

Fig. 4. Comportamiento con Metanol.

de los sistemas; no hay contaminación cruzada de flujos y el sistema es reversible.
- En sistemas de aire acondicionado, se emplean para recuperar energía residual tanto en invierno como en verano. Para ello los tubos de calor se agrupan en bancos de tubos formando intercambiadores de calor compactos

De acuerdo con la ayuda del programa HEAT PIPES se obtuvieron resultados favorables a las simulaciones utilizando agua destilada. Por lo tanto, se puede mencionar que el fluido de trabajo es el adecuado, ya que con el incremento de la temperatura, mayor es la recuperación de energía. Considerando la temperatura de 50°C del aire exterior, con el agua se obtuvo 79.24 W, con el etanol se recuperó 49.4 W y con el metanol se recuperó 61.45 W. La recuperación de energía es de un 62.34% con respecto al etanol y de un 77.54% con respecto al metanol. En el caso de situaciones reales, otras características que hacen factible el uso del agua para el recuperador tipo tubos de calor son: la disponibilidad en el mercado, la producción y el bajo costo de obtenerlo, comparándolo con el metanol y etanol, ya que estos últimos son hidrocarburos y su costo de adquisición es mayor. Además, el agua destilada no contiene impurezas, por lo que se consideró como fluido de trabajo. El relleno seleccionado es del tipo ranuras sinterizadas. Por lo tanto, el agua al estar como un refrigerante y al ganar calor, hierve y la ventaja es que no genera incrustaciones en las ranuras y al no tener obstrucción, permite la fácil circulación del agua del evaporador al condensador y viceversa al sufrir los cambios de estado.

Finalmente se puede mencionar que la simulación permite prever la mejor opción de un dispositivo en cuanto a su funcionamiento y caracterización. Asimismo, ahorra tiempo en la selección real del propio dispositivo y permite visualizar los costos, ventajas y desventajas cuando se seleccionan diferentes fluidos de trabajo.

Referencias

[1] Flores Murrieta Fernando Enrique. "Fabricación, monitorización y caracterización de un equipo de Aire acondicionado de Bajo Impacto, utilizando un sistema combinado: Refrigerador Evaporativo Cerámico y Tubos de Calor REC-TC". Valladolid, España: Noviembre 2008. Tesis Doctoral. Universidad de Valladolid.

[2] Moen Cano Máximo. "Análisis térmico de un tubo de calor mediante el programa Heat Pipes". Chetumal, Quintana Roo. Octubre 2012. Monografía. Universidad de Quintana Roo.

[3] Prieto Benito José Luis. "Recuperación de energía en un sistema de aire acondicionado mediante heat pipes". 1994. Proyecto de fin de carrera. Escuela Universitaria Politécnica. Universidad de Valladolid, España.

[4] Rey Martínez Francosco J., et. al. "Recuperación de energía en sistemas de climatización". DTIE 8.01. Madrid, España. ISBN: 84921270-5-8.

[5] Renedo Carlos J. T15. "Otros recuperadores de calor". Departamento de Ingeniería Eléctrica y energética. Universidad de Cantabria, España. http://personales.unican.es/renedoc/index.htm.

[6] Paris Londoño Luis Santiago. "Tubos de calor y termosifones bifásicos: Alternativas para la conservación de energía". 8° Congreso Iberoamericano de Ingeniería Mecánica. Cusco. 2007.

[7] Miranda Barreras Angel Luis. "Tubos de calor: Una Tecnología Para el Siglo XXI". Barcelona: Ediciones CEAC.S.A., 2005. ISBN:84-329-1094-5.

FUSIÓN NUCLEAR; UNA OPCIÓN PARA EL FUTURO

Joel Omar Yam Gamboa[1], María Norma Palacios Ramírez[2]

[1] Departamento de Ciencias, Universidad de Quintana Roo, Blvd. Bahía s/n Esq I. Comonfort Col. Del Bosque, Chetumal, Quintana Roo, México.
oyam@uqroo.edu.mx
[2] Departamento de Ingeniería Eléctrica, Instituto Tecnológico de Chetumal, C. P. 77013, Chetumal, Quintana Roo, México.

1 INTRODUCCIÓN

La producción de energía es una de las tareas fundamentales para asegurar el bienestar de la humanidad. Se requiere de energía para el trabajo mecánico, transporte y producción industrial y en forma de fluido eléctrico para iluminación y calefacción. Las fuentes de energía renovables, como la solar y la eólica tienen como fuente primaria al Sol. El Sol, nuestra estrella más cercana produce una gran cantidad de energía (4×10^{26} W) y es gracias a esta energía que recibimos que la vida pudo emerger y mantenerse en nuestro pláneta. El descubrimiento de cómo el Sol genera su energía, a través de la *fusión nuclear*, ha sido uno de los descubrimientos más importantes para la humanidad. El Sol brilla convirtiendo hidrógeno en helio en su núcleo. Adicionalmente, la fusión nuclear abrió una ventana muy importante de investigación para producir, de manera controlada, grandes cantidades de energía. Por la naturaleza del proceso, la fusión nuclear, generaría poca contaminación ambiental comparada con las fuentes primarias de energías convencionales y con las fuentes renovables como la solar y la eólica. El objetivo final del desarrollo de la fusión nuclear es contar con una fuente de energía limpia, segura, abundante y económicamente factible de aprovechar para que dé respuesta a las necesidades energéticas actuales y futuras. En esta contribución expondremos los avances recientes sobre el proceso de fusión nuclear.

2 FUSIÓN NUCLEAR

La *fusión nuclear* es la reacción nuclear en la cual dos o más núcleos atómicos se unen para formar un núcleo atómico de un elemento más pesado. En el proceso de fusión la masa no se conserva. Por ejemplo, para núcleos atómicos más livianos que el hierro (Fe) la masa resultante de la fusión es menor a la masa inicial. La diferencia de masa se transforma en energía de acuerdo con la famosa fórmula de Albert Einsten: $E = \Delta \text{m} \cdot c^2$, donde Δm es la diferencia de masa y c, es la velocidad de la luz. Al producto $\Delta\text{m} \cdot c^2$ se le conoce como *energía en reposo*. En la Figura 1 se muestra un esquema de la fusión de cuatro núcleos de hidrógeno (H) en un núcleo de helio (He) o partícula α. En este caso cada protón tiene, en unidades atómicas[1], una masa de $m_p = 1.00728u$, mientras que el núcleo de He tiene una masa de $m_{\text{He}} = 4.00151u$. Así tenemos $\Delta\text{m} = 4m_p - m_{\text{He}} = 0.02761u$, la cual es transformada en energía produciendo aproximadamente 25 MeV.

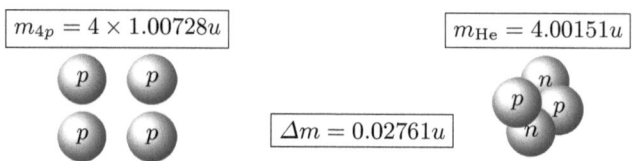

Fig. 1. Fusión de cuatro núcleos de H (protones) en un núcleo de He o partícula α (dos protones y dos neutrones).

El proceso de fusión nuclear no es ajeno a nosotros puesto que es el mecanismo mediante el cual se produce la energía en el Sol; energía de la cual depende la vida humana y en general la vida en nuestro planeta. Por esta razón, el proceso de fusión ha sido ampliamente estudiado teniendo al núcleo del Sol como un laboratorio el cual, tendría que ser replicado para producir energía en la Tierra mediante la fusión. El problema para crear tal laboratorio es conseguir las condiciones de físicas de densidad ($\sim 1.5 \times 10^5$ kg/m^3), presión ($\sim 2 \times 10^{16}$ Pa) y temperatura ($\sim 1.5 \times 10^7$ K) que imperan en el centro del Sol [1].

2.1 Fusión nuclear en el Sol

El descubrimiento de la fusión nuclear está intimamente ligado a dar una respuesta a ¿cuál es el origen de la radiación solar? (una excelente discusión histórica sobre este tema, se puede encontrar en [2]). En 1895 Wilhelm Röntgen descubre los rayos X y al año siguiente Henri Becquerel decubre la radiactividad natural debida a la *fisión* del uranio. En el proceso de fisión del núcleo de uranio (más pesado que el núcleo del Fe), este se divide en dos o más núcleos atómicos más ligeros junto con otras partículas libres: neutrones, partículas α, electrones y positrones. En la fisión del uranio la masa de los productos de la fisión es menor a la masa del núcleo de uranio, por lo que la diferencia de las masas se transforma en energía. La estimación de la energía

---

[1]En el Sistema Internacional SI, se tiene: $u = 1.66053 \times 10^{-27}$kg.

involucrada en la radioactividad encontrada en el uranio alentó a que varios científicos buscaran en la radiactividad la fuente primaria de energía del Sol.

Como sabemos, los núcleos atómicos poseen cargas netas postivas las cuales son múltiplos enteros de la carga del protón. Al ser los núcleos atómicos partículas con cargas del mismo signo, éstas cargas se repelen de acuerdo con la ley de Coulumb. Sin embargo, para 1928 George Gamow [3] deriva una formúla, basada en mecánica cuántica, para explicar el decaimiento de partículas α del polonio (Po); el *efecto túnel*. Así, en el núcleo del Sol las partículas (protones) vencen la barrera de la fuerza de repulsión eléctrica por medio del efecto túnel quedando a distancias nucleares donde la fuerza nucleare domina para llegar a fusionarse. Para 1938, Hans Bethe [4] encuentra los dos procesos fundamentales para la fusión de hidrógeno en helio,

i) La cadena protón-protón ($p-p$): esta cadena es la responsble de la producción de la mayoría de la energía de estrellas con masas similares o menores a la del Sol.

ii) El ciclo carbono-nitrógeno-oxígeno (CNO): este ciclo es el mecanismo principal de producción de energía para estrellas con masas mayores a la masa del Sol.

Se sabe ahora que la energía que se produce en el Sol se debe a la fusión de cuatro núcleos de hidrógeno en un núcleo de helio.

3 FUSIÓN NUCLEAR CONTROLADA

La enorme cantidad de energía que emite el Sol ($\sim 10^{26}$ W), y las estrellas en general, es producida en su región central o núcleo. Es ahí donde se tienen las condiciones extremas de presión y temperatura para que puedan ocurrir las reacciones nucleares. Puesto que en los núcleos de las estrellas con masas mayores a la masa del Sol, se tienen temperatura y presión mayores que en el núcleo del Sol, obtener estas reacciones a nivel terrestre requieren de un gasto de energía mayor al invertido en la cadena $p-p$. Por tanto, para propósitos de producir energía a partir de la fusión nuclear es más conveniente abordarla usando los procesos con los cuales el Sol genera su energía.

3.1 La Cadena $p-p$.

El primer paso de la cadena $p-p$ consiste en la fusión de dos núcleos de H para formar un núcleo de deuterio[2]. Sabemos que los protones tienen carga positiva por lo que estos se deben repeler según la física clásica. Sin embargo debido al efecto túnel se tiene una probabilidad mayor a cero para que dos

---
[2]El deuterio(D) es un isotopo del H cuyo núcleo esta compuesto de un protón y un neutrón.

partículas cargadas positivamente interactúen debido a su cercanía, es decir, venzan la barrera de potencial. Al vencer la barrera de potencial los protones quedan a distancias nucleares y la *fuerza nuclear* permite que se lleve a cabo la fusión para producir deuterio como se muestra en la Figura 2.

Fig. 2. Fusión de dos núcleos de H en un núcleo de deuterio (un protón y un neutrón).

Como resultado de ésta fusión se tiene un núcleo de detuterio, un *positrón* (e^+), un neutrino (ν_e) y 0.42 MeV de energía. A partir de este paso se tienen otros procesos de fusión los cuales tienen como resultado final la producción de un núcleo de He. En el núcleo del Sol y a pesar de las condiciones físicas extremas que se tienen, esta reacción es muy lenta; tiene un tiempo promedio de $\sim 10^9$ años. Sin embargo, es posible usar los siguientes procesos de fusión de la cadena $p-p$, para producir energía. Esto es posible gracias a que el deuterio, que participa en estas reacciones, es abundante en la Tierra.

3.2 El combustible para la Fusión nuclear

La condición necesaria para la fusión nuclear libere más energía que la empleada viene dada por el *criterio de Lawson* [5], según el cual el producto del tiempo de confinamiento por la densidad del plasma debe ser superior a 10^{14} s/cm^3. Esto implica que para que un reactor nuclear genere más energía que la que consume, el plasma debe permanecer confinado al menos 2 segundos a una temperatura de 150 millones de grados y con una densidad de 2×10^{20} partículas/m^3.

En la Tierra, la reacciones de fusión que se han podido conseguir en el laboratorio, son la fusión de deuterio (D-D) y la fusión de núcleos de deuterio con núcleos de otro isótopo del hidrógeno el tritio[3] (T); ambas fusiones forman un núcleo de helio. Sin embargo, la fusión D-T es energéticamente más eficiente que la reacción D-D. Así la diferencia de masa, en la fusión D-T, que se transforma en energía da como resultado que se liberan 17.6 MeV, como se muestra en la Figura 3.

Para la fusión del D y T, no se requiere una presión tan alta como en el Sol, aunque se necesita una temperatura más elevada que la que se tiene en el centro del Sol; 150 millones de grados. En estas condiciones, los electrones han sido arrancados de sus núcleos por que se tiene un *plasma* y por la densidad

---

[3]El tritio es otro isótopo del hidrógeno el cual consiste de un protón y dos neutrones.

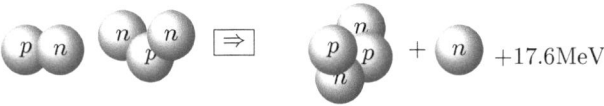

Fig. 3. Fusión de D y T dando como resultado un núcleo de He, un neutrón y 17.6 MeV de energía.

a la que se encuentra el plasma se tienen inracciones nucleares. Como una ventaja adicional a esta reacción de fusión tenemos que el D es relativamente abundante en el agua de mar. Ahí se encuentra en forma de agua pesada (HDO) y tiene una abundancia en la naturaleza dada por el cociente [6],

$$\frac{[\text{HDO}]}{[\text{H}_2\text{O}]} = 3 \times 10^{-4}.$$

Con esto, por cada m^3 de agua se tiene aproximadamente 30 g de D. Para tener una estimación de la energía que se puede obtener con 30 g de D, cada fusión D-D, libera aproximadamente 4 MeV de energía [6]. Así, la fusión de 30 g de D generaría una cantidad de energía de $\sim 1 \times 10^{25}$ MeV equivalente a la producida por 300,000 litros de petróleo. Adicionalmente, el D no es radiactivo y no presenta riesgo para su uso ni almacenamiento. En cuanto al T, aún cuando no se puede conseguir directamente pues es radiactivo[4], pero puede ser obtenido a través del litio, el cual sí es abundante en la naturaleza.

Como hemos visto para producir artificialmente una reacción de fusión se necesita vencer la fuerza de repulsión eléctrica ya que ésta fuerza aumenta conforme los núcleos se acercan. Una forma de vencer esta fuerza de repulsión es mediante un acelerador de partículas; pero se tendría que invertir una gran cantidad de energía. Probablemente más energía de la que se obtendría mediante el proceso de fusión. Una forma alterna es aumentar la temperatura del plasma, para esto el plasma debe estar *confinado*, pues los núcleos atómicos tienden a separarse de manera natural. El problema del confinamiento es complicado debido a la alta temperatura, pues el plasma podría romper las paredes del contenedor o contaminarse. Entonces hay dos retos a vencer;

i) obtener temperaturas altas para generar el plasma y
ii) el confinamiento del plasma,

Los parámetros físicos para que se lleva a cabo la fusión del D y T son: temperatura del plasma $\sim$ 100-200 millones de grados, tiempo de confinamiento de 2-12 segundos y densidad del plasma $\sim 2 \times 10^{20}$ partículas/m^3.

---

[4]tiene una vida media de alrededor de 12.3 años[7].

4 REACTORES DE FUSIÓN NUCLEAR

Reproducir las condiciones que se tienen en los núcleos de las estrellas es una tarea bastante complicada. Sin embargo, en los años 50 las físicos soviéticos Igor Tamm y Andrei Sakharov, inventaron un dispositivo toroidal que serviría para producir un confinamiento magnético el cual sería usado para producir fusión nuclear de manera controlada. El dispositivo es conocido como *Tokamak*[5]. Desde entonces varios países han promovido la investigación de la fusión nuclear en forma controlada. Sin embargo, hasta ahora no se ha podido superar el *punto de equilibrio*; se requiere que, en la fusión, la energía liberada sea mayor a la energía consumida.

Por ahora existen dos formas principales de confinamiento; el confinamiento inercial y el confinamiento magnético. El primero consiste en comprimir el combustible mediante haces de radiación láser o partículas. El segundo se basa en mantener confinado el plasma mediante la aplicación de campos magnéticos.

4.1 Confinamiento Inercial

En el confinamiento inercial se cuenta con micro-capsulas de combustible las cuales son bombardeadas con láseres alta intensidad. Esto lleva a subir la densidad del combustible en un factor de 2 ó 3 órdenes de magnitud con un consecuente aumento en la temperatura hasta millones de grados; así el plasma se obtiene y a la vez se confina. Esto obliga a los núcleos atómicos a estar cerca entre sí lográndose la fusión por efecto túnel; tal como ocurre en los núcleos de las estrellas.

En el National Ignition Facility (NIF) se utilizan 192 laser que viajan 1500 metros desde que son generados hasta la cámara de combustible, y son enfocados mediante un sistema de espejos. Por ahora, el NIF es el mayor dispositivo de confinamiento inercial del mundo.

4.2 Confinamiento Magnético

Como las partículas cargadas se mueven alrededor de las líneas de campo magnético, se han diseñado dispositivos donde las líenas de campo magnético se *doblan* para confinar el movimiento de las partículas cargadas en un toroide. Tales dispositivos son del tipo Tokamak; sistemas cerrados de confinamiento magnético. En estos dispositivos las partículas se mantienen en trayectorias toroidales mediante un campo magnético de varios teslas de magnitud. Como el plasma magnéticamente confinado tiene una densidad muy baja (10^{14} iones/cm^3, inferior al estado sólido), la temperatura se debe elevar hasta los

---

[5]Tokamak es un acrónimo ruso que en español significa: Cámara Toroidal de Bobinas Magnéticas.

46 millones de grados. Para elevar el plasma a estas temperaturas se utilizan técnicas de radiofrecuencia e inyección de neutrones acelerados. Dos reactores de fusión con dispositivos Tokamak son: el JET (Join European Tourus) y el ITER (Internacional Thermonuclear Experimental Reactor; el camino en latín).

4.2.1 Proyecto JET

El JET fue construido en 1991 en Oxfordshire Inglaterra como un programa de la Comunidad Europea. Fue construido con el objetivo de, por primera vez en la historia, controlar una reacción nuclear de fusión. En el JET se produjeron 16 MW durante dos segundos empleándose 100MW para calentar el plasma. Después de 2 segundos el plasma se volvió inestable deteniéndose la fusión nuclear. Sin embargo, se demostró que la fusión nuclear era posible. Este dispositivo fue, en su momento, el mayor Tokamak.

4.2.2 Proyecto ITER

ITER es el sucesor de JET, es un ambicioso proyecto multinacional en el cual participan China, la Unión Europea, India, Corea, Rusia y Estados unidos. Este Tokamak, que será el más grande del mundo se construye en Cadarache al sur de Francia. El ITER está diseñado para ser el primer dispositivo que produzca una ganancia neta de energía y para ser el eslabón entre la fusión a escala experimental y las centrales de fusión del futuro. Se espera además que el plasma del ITER permanezca estable durante más tiempo, además de producir mayor energía. También se evaluará la producción de T in situ. Otra de las metas es demostrar el control del plasma y de las reacciones de fusión, algo que es sin duda importante para el entorno. La construcción del ITER comenzó en 2010, el complejo abarcara 180 hectáreas con 39 edificios, siendo el más importante de ellos el que albergara al reactor. El Tokamak tendrá 30 metros de alto, 23,000 toneladas de peso y albergará 840 metros cúbicos de plasma. El diámetro del eje del toro es de 12.4 m, el diámetro de su sección– no exactamente circular, sino ms bien en forma de D–es de 4 m y alcanzará una temperatura de 150 millones de grados. Los edificios próximos al edificio del Tokamak incluyen torres de refrigeración, salas de control, instalaciones eléctricas y de tratamiento de residuos y una planta criogénica con He líquido para enfriar los imanes del ITER los cuales produciran un campo magnético de 5.3 Teslas. Algunas de las piezas se han fabricado en diferentes países y han comenzado a llegar desde 2015. Se espera que entre 2020 y 2027 se pueda poner en marcha el reactor el cual operara con deuterio y tritio. ITER tiene como objetivo producir una cantidad significativa de energía de fusión (500 MW) durante aproximadamente siete minutos, o 300MW durante 50 minutos [8].

5 FUSIÓN NUCLEAR EN MÉXICO

La investigación sobre la fusión nuclear en México se lleva a cabo en varios centros de investigación principalmente en el Instituto de Ciencias Nucleares (ICN) de la UNAM en el que se estuvo trabajando con un dispositivo conocido como Fuego Nuevo II en el que se estudió la producción de neutrones, emisión de rayos X y aceleración de iones. En el Instituto de Investigaciones Nucleares (ININ) en el centro Nuclear de Salazar se diseñó y construyó un pequeño Tokamak llamado *novillo*. Este ha sido utilizado principalmente para el diagnóstico de plasmas. También existe investigación al respecto en el Centro de Investigación en Ciencia Aplicada y Tecnología Avanzada (CICATA) del Instituto Politécnico Nacional en Querétaro. Además, en la Universidad Autónoma Metropolitana Uinidad Azcapotzalco(UAM-A) se ha realizado trabajo experimental en plasmas de fusión y en la Universidad Autónoma de Nuevo León se cuenta con un grupo trabajando en el diseño de un Tokamak.

6 PERSPECTIVAS

Como hemos visto la fusión de dos núcleos de menor masa que el Fe es exotétmica, es decir, en este proceso se libera energía. Para núcleos con masas mayores al Fe la fusión es endotérmica, por lo que para que se realice esta fusión es necesario suministrar energía. La fusión es la reacción nuclear por medio de la cual el Sol genera la gran catidad de energía que radía de forma constante desde hace 5,000 millones de año y que la continuará radiando a este ritmo durante otros 5,000 millones de años.

Para obtener un estimación de la cantidad de energía producida en un proceso de fusión y compararla con producida en una reacción química, consideraremos la producción de partículas α (núcleos de He) a partir de la fusión de D y T. Como se ilustró en la Figura 3, la producción de energía en esta reacción es de 17.6 MeV. Por otra parte en una reacción química lo que se tiene son transiciones electrónicas, es decir, electrónes cambiando de niveles energéticos. Una transisión electrónica energética ocurre cuando el átomo es ionizado; pierde uno de sus electrones. Consideremos entonces una transición electrónica donde el hidrógeno es inozado. En este caso la energía que se requiere para ionizar el H, es de 13.6 eV, es decir aproximadamente un millón de veces menor a la energía obtenida de la fusión del D y T. Con esto podemos decir que la generación de energía por medio de fusión es un millon de veces más eficiente que la generación de energía por medio de reacciones químicas.

Por ahora se ha podido recrear condiciones similares a las que se tienen en el centro del Sol para poder producir una reacción de fusión. Sin emabrgo, no ha sido posible superar el punto de equilibrio para que la energía producida sea mayor que la energía consumida en la fusión. El proyecto ITER ofrece superar el punto de equilibrio y de esta forma hacer realidad la generación de energía for medio de la fusión. La generación por medio de la fusión nuclear, no presenta impactos considerables al medioambiente ya que no produce gases que contribuyan al efecto invernadero. La reacción en sí, sólo produce helio, un gas inofensivo.. Además en cualquier momento se puede parar la reacción, cerrando sencillamente el suministro de combustible, cuyos componentes serían deuterio y litio, disponibles en cualquier parte, y hay suficiente materia combustible para la generación de energía durante millones de años.

Referencias

[1]　Frank Shu, 1982, The Physical Universe; An Introduction to Astronomy. University Science Book.
[2]　http://www.nobelprize.org/nobel_prizes/themes/physics/fusion/
[3]　Eugen Merzbacher, Physics Today, **55**, 8, 44, 2004.
[4]　H. A. Bethe, Physical Review, **55**, 434, 1939.
[5]　Lawson, J. D., Technical report. *Some Criteria for a Power producing thermonuclear reactor*. Atomic Energy Research Establishment, Harwell, Berkshire, U. K., December 1955.
[6]　M. Trautmann, K. W. Rothe l, J. Wanner, and H. Walther, Appliede Physics, **24**, 49-53, 1981.
[7]　CRC Handbook f Chemistry and Physics, editado por David R. Lide 2003.
[8]　ITER, Annual Report, 2015.

OPORTUNIDADES PARA EL DESARROLLO DE PROYECTOS EN EL SECTOR ENERGÉTICO EN MÉXICO

Ruben Domínguez Maldonado[1], Eduardo Huerta Argáez[2]

[1] Universidad Anahuac-Mayab, Facultad de Ingeniería, Carr. Mérida-Progreso km 15.5 A.P. 96 Cordemex, Mérida, C.P. 97310, México.
ruben.dominguez@anahuac.mx
[2] Augusto Irineo León castillo, Servicio y Mantenimiento S.A. de C.V., C-57 N 542B, Col. Centro, Mérida Yucatán, C. P. 97000, México

1 INTRODUCCIÓN

Actualmente los países tienen una concientización mayor sobre la importancia de las energías renovables, la eficiencia energética y cómo repercuten en la contaminación y el cambio climático que afecta el planeta. La reducción de los precios del barril de petróleo de manera significativa y el desarrollo de nuevas tecnologías enfocadas a producción de energía renovable han puesto a todos los países a desarrollar nuevas iniciativas para fortalecer el mercado de energía a partir de fuentes renovables. Tan solo al cierre del 2015 se implementaron nuevas iniciativas energéticas en 173 países, siendo esto, el 87% de la cobertura global. Los resultados de los gases de efecto invernadero generados por la quema de combustibles fósiles (carbón, gasolina, gas natural y petróleo) y la deforestación han provocado que en tan solo 30 años la temperatura de la tierra se haya incrementado en un grado a nivel global [1]. De la última Conferencia de Cambio Climático celebrado en París (COP21), 195 países estuvieron de acuerdo en evitar que la temperatura a nivel mundial se incremente en 2°C para finales de siglo respecto a la era preindustrial.

Durante el último balance de energía para el cierre del 2015 se lograron acuerdos de gran importancia para acelerar la implementación de fuentes de energía renovable. La incertidumbre y volatilidad en los precios de los combustibles fósiles y la inversión enfocada hacia tecnologías renovables han generado un repunte en la generación de la energía renovable. Tan solo en el último balance de energía mostró que se realizó una inversión global en energías renovables y biocombustibles de 286 billones de dólares a nivel mundial. Esta cifra duplicó la inversión en combustibles fósiles que fue alrededor de 130 billones de dólares al cierre de 2015 [2]. La inversión en el mercado de la energía renovable generó

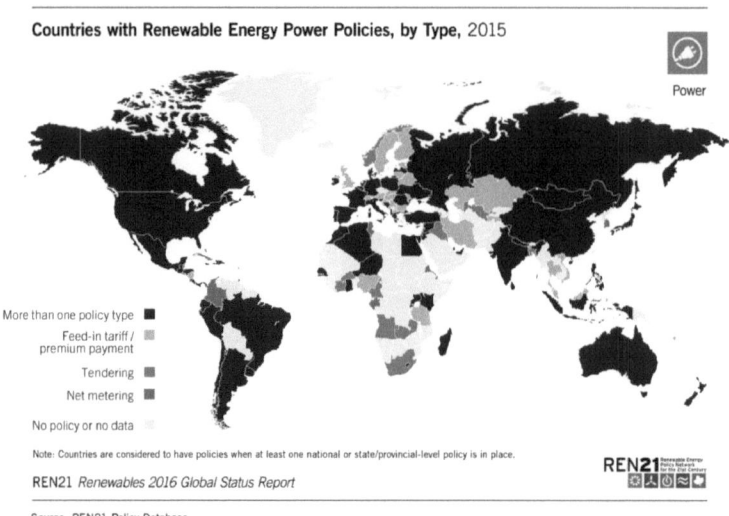

Fig. 1. Balance global de políticas enfocadas a energías renovables al cierre del 2015 [2].

un aumento en el último año alrededor de 140 GW tan solo en energías eólica, fotovoltaica y calentadores solares.

Los países desarrollados y en vías de desarrollo han empezado a plantear nuevas políticas económicas para ofrecer oportunidades a miles de millones de personas que aún no cuentan con el suministro de energía [2]. Otro punto importante al cierre del año 2015 fue de que el capital de inversión en energías renovables provocó un repunte en los países en vías de desarrollo de 156 billones de dólares mientras que los países industrializados realizaron inversiones de alrededor de 130 billones de dólares. Esto ha sido traducido en empleos de distintas temáticas de energía renovables llegando a alcanzar los 8 millones de empleos. Actualmente los mercados potenciales emergentes para implementación de energías renovables se encuentran principalmente en Latinoamérica, áfrica y el sur de Asia (Figura 2).

Recientemente, México ha establecido nuevas políticas en el sector energético, la incorporación de nuevos agentes que de manera conjunta serán más efectivos en la transición hacia un modelo energético sustentable. Es de gran importancia la implementación de fuentes de energía renovables a las energías que actualmente se tienen en el país, esto con la ayuda y participación de la comunidad académica, del sector privado y el gobierno en estas nuevas políticas podrán asegurar el abasto de la demanda nacional [2]. Para fines del 2015, México ya tenía listas las regulaciones y políticas para poder implementar y fortalecer el mercado de las energías en el país.

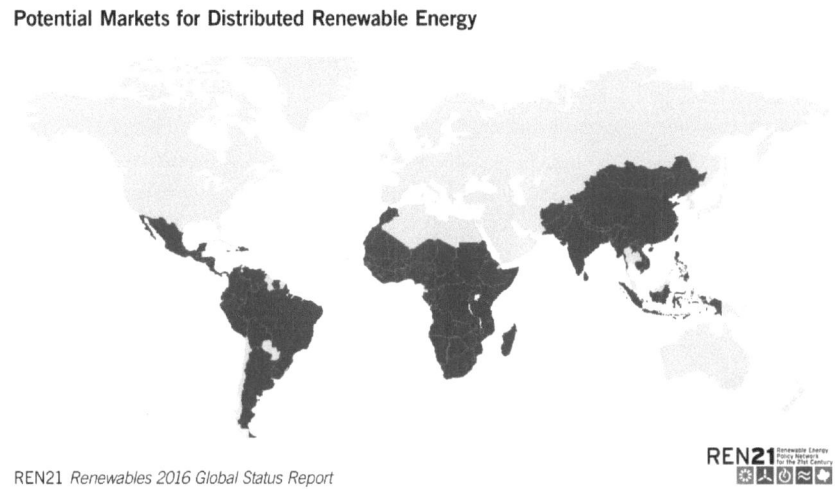

Fig. 2. Mercados potenciales para implementación de energías renovables.

De los primeros resultados de estas nuevas iniciativas, ya ha sido realizada la primera subasta de energía a inicios del 2016 donde se contempla la inserción del sector privado en la transición energética y los certificados de energías limpias. La implementación de los Centros Mexicanos de Innovación (CEMEIs) con una inversión de 3,726 millones de pesos en inversión por parte del gobierno y privado [3], vinculaciones academia-empresa, permitirán potencializar la investigación científica y el desarrollo de nuevas tecnología en beneficio de la sociedad.

2 VINCULACIÓN ACADEMIA-EMPRESA

Actualmente las empresas funcionan bajo nuevos esquemas de negocios para la generación de valor y riqueza basada en el conocimiento, recurso intangible e inagotable que permiten obtener ventajas competitivas con el paso del tiempo. El conocimiento siempre estará detrás de la innovación, la tecnología en un producto o proceso, y de ahí que las nuevas empresas de base tecnológica manejen esta estrategia y jueguen un papel importante para su fortalecimiento y potencialización. Esto genera como consecuencia nuevos modelos económicos basados en el uso del conocimiento para mejorar productos, procesos, reducción de costos con la intención de ser competitivo en una economía global [4].

En estos nuevos esquemas económicos globales, es un gran reto para los gobiernos de los países el propiciar las condiciones adecuadas para generar empresas de valor agregado y la generación de empleos bien remunerados. Esto no solo tiene impacto en el desarrollo tecnológico de un país sino también un beneficio económico para el mismo y de ahí la importancia de impulsarlo. La innovación en México, se ha insertado en diversos sectores tanto industriales como de servicios y el gobierno federal se encuentra impulsado mediante diferentes mecanismos e iniciativas como los fondos sectoriales y a través de secretaría de economía. La innovación en los diferentes sectores del país requiere de investigación, recursos humanos, infraestructura y un aparato administrativo para poder potencializar una idea que se transforme en un producto y este se transforme en un negocio que genere riqueza, empleos y bienestar social.

3 FONDOS NACIONALES E INTERNACIONALES

Actualmente el gobierno federal incentiva la innovación a través de fondos constituidos en donde se comparten los gastos generados e inversiones de ideas innovadoras que se desean llevar al mercado. Entre algunos de los programas que existen actualmente para potencializar proyectos en temáticas de energía se muestran a continuación.

- *FONDO NACIONAL DEL EMPRENDEDOR (INADEM)*

Este Fondo, tiene como objeto incentivar el crecimiento económico nacional, regional y sectorial, mediante el fomento a la productividad e innovación en las micro, pequeñas y medianas empresas ubicadas en sectores estratégicos, que impulse el fortalecimiento ordenado, planificado y sistemático del emprendimiento y del desarrollo empresarial en todo el territorio nacional, así como la consolidación de una economía innovadora, dinámica y competitiva.

Estos fondos se dividen en 5 categorías

1. Programas de Sectores Estratégicos y Desarrollo Regional.
2. Programas de Desarrollo Empresarial.
3. Programas de Emprendedores y Financiamiento.
4. Programas para MIPYMES.
5. Apoyo para la Incorporación de Tecnologías de la Información y Comunicaciones en las Micro, Pequeñas y Medianas Empresas, para Fortalecer sus Capacidades Administrativas, Productivas y Comerciales.

Estos fondos permiten apoyar hasta un 40% del capital total del vehículo de inversión sin superar los 50 MDP.

- *FONDO DE SUSTENTBILIDAD ENERGÉTICA*

El Fondo Sectorial CONACYT-Secretaría de Energía-Sustentabilidad Energética es un Fideicomiso creado para atender las principales problemáticas y oportunidades en materia de Sustentabilidad Energética del país. Este fondo tiene como objetivo impulsar la investigación científica y tecnológica aplicada, así como la adopción, innovación, asimilación y desarrollo tecnológico en materia de fuentes renovables de energía, eficiencia energética, uso de tecnologías limpias, y diversificación de fuentes primarias de energía. Tan solo al cierre del mes de Marzo de 2016 este fondo contaba con un capital de 1,318 MDP para aplicar en proyectos de energía y sustentabilidad.

- *FONDO DE INNOVACION TECNLÓGICA (FIT)*

El FIT tiene como objetivo fomentar iniciativas de innovación en Micro, Pequeñas y Medianas Empresas (MiPyMEs) de base tecnológica, así como Start Ups, Scale Ups y personas físicas con actividad empresarial que realicen proyectos de innovación tecnológica significativos y con alto potencial de ser colocados en el mercado como innovaciones tecnológicas.

Este fondo también impulsa propuestas que consideren la incorporación de recursos humanos de alto nivel académico y demás recursos materiales de laboratorios y adecuación de áreas de prueba que refuercen las capacidades tecnológicas internas para el desarrollo de nuevos productos, procesos, método de comercialización u organización. En la última convocatoria realizada en el 2015 se manejaron dos modalidades: apoyo a empresas y apoyo a la creación y fortalecimiento de infraestructura científica, tecnológica y de innovación (CTI). Dentro del apoyo de empresas se encuentran dos modalidades: la modalidad star up (menor a 2 años de creación) y la modalidad scale up (mayor a dos años). Los montos van desde 5 MDP para la modalidad star up y sin límite para la modalidad scale up. Para el fortalecimiento de infraestructura en CTI los montos van hasta de 5 MDP.

- *PROGRAMA DE ESTIMULOS A LA INNOVACIÓN (PEI)*

Este programa es uno de los que más éxito ha tenido para la vinculación academia-empresa. Este programa va dirigido a empresas que realicen actividades de Investigación, Desarrollo Tecnológico e Innovación (IDTI) en el país, de manera individual o vinculada con Instituciones de Educación Superior (IES) y/o Centros e Institutos de Investigación públicos nacionales (CI) que efectúen en un año fiscal, manejando tres modalidades: INNOVAPYME, INNOVATEC y PROINNOVA. Los montos presupuestales van desde los 21 MDP para la modalidad INNOVAPYME, 27 y 36 MDP para la modalidad INNOVATEC y PROINNOVA respectivamente.

Entre sus principales objetivos del programa se encuentran:

1. Generar nuevos productos, procesos y/o servicios de alto valor agregado, y contribuir con esto a la competitividad de las empresas.
2. Fomentar el crecimiento anual de la inversión del sector productivo nacional en IDTI. Es importante resaltar que el programa otorga apoyos económicos complementarios, sin que ello signifique la sustitución de la inversión que las empresas realizarán en actividades de IDTI.

3. Propiciar la vinculación de las empresas en la cadena del conocimiento "educación-ciencia-tecnología-innovación" y su articulación con la cadena productiva del sector estratégico que se trate.
4. Formar e incorporar recursos humanos especializados en actividades de IDTI en las empresas.
5. Contribuir a la generación de propiedad intelectual en el país y a la estrategia que asegure su apropiación y protección.
6. Ampliar la base de cobertura de apoyo a empresas nacionales desde una perspectiva descentralizada.

- *FONDOS INTERNACIONALES*

    ○ *COFIDES*

La Compañía Española de Financiación del Desarrollo, COFIDES, S.A., es una sociedad mercantil estatal cuyo objeto es facilitar financiación, a medio y largo plazo, a proyectos privados viables de inversión en el exterior en los que exista interés español, para contribuir, con criterios de rentabilidad, tanto al desarrollo de los países receptores de las inversiones como a la internacionalización de la economía y de las empresas españolas. Dentro de las COFIDES se encuentra la Línea México. Este fondo apoya a proyectos privados viables con interés español que se realicen en México. En el año 2015 la línea de financiación fue de 60 millones de euros.

Estos son algunos de estos fondos aplicados en donde se encuentra vinculada la academia con las empresas y es posible a partir de la innovación el desarrollo de nuevos productos y procesos para el bien de la sociedad y generar productos de valor agregado.

Entre las principales ventajas que pudiera tener el desarrollo de proyectos con instituciones vinculadas ya sea Centros de Investigación (CI) o las Instituciones de Educación Superior (IES) se encuentran los siguientes puntos:

- Menor inversión de la empresa al cubrir el fondo hasta un 75% de los gastos vinculados con las IES o los CI para el programa PEI.
- Mano de obra especializada de distintas disciplinas (electrónica, mecánica, instrumentación, química, matemáticas, etc.) para la resolución de una problemática que pudiera tener la empresa sin dejar las cuestiones operativas del día a día manejando una perspectiva distinta al problema. Esto pudiera ser desde el diseño conceptual del producto o servicio, desarrollo de logotipos y marcas, estudios de mercado, desarrollo de prototipos, diseño de planta piloto hasta un desarrollo de escalamiento industrial.
- Infraestructura costosa difícil de adquirir y mantener en una empresa como por ejemplo: maquina universal para medición de propiedades mecánicas, microscopio electrónico de barrido para caracterización de morfología superficial, impresoras 3D para el desarrollo de prototipos entre otros.

- Vigilancia tecnológica mediante una búsqueda de información del exterior sobre ciencia y tecnología, seleccionándola, analizándola y convirtiéndola en conocimiento, de tal manera que permita detectar oportunidades y anticiparse a los cambios.
- Y asesoría en el desarrollo y formulación de modelos de utilidad, desarrollos industriales y patentes para poder contribuir al desarrollo de propiedad intelectual en el país.

4 CASOS DE ÉXITO ACADEMIA-EMPRESA EN TEMAS DE ENERGÍA

En este apartado se presentan tres casos de éxito utilizando estos fondos que anteriormente se describieron en el cierre del 2015. Estos proyectos se enfocan al desarrollo de tecnologías renovables. El primero se enfoca al desarrollo de nuevos cementantes ecológicos aplicados a la industria de la construcción, el segundo implementa el desarrollo de materiales poliméricos para el desarrollo de calentadores solares de bajo costo y finalmente se presenta el desarrollo de una luminaria híbrida a base de energía eólica-solar. Cada uno de ellos tiene un enfoque de mejora de productos o servicios teniendo en cuenta la sustentabilidad.

4.1 Proyecto: Desarrollo de cementantes ecológicos, flexibles y durables base $Ca(OH)_2$ para la construcción

Empresa: **Productora de Cal Yucatán SA de CV (Mayacal)**
Institución vinculada: **Universidad del Mayab SC y Centro de Investigación Científica de Yucatán (CICY)**
Fondo: **Programa de Estímulos a la Innovación 2015 (221322), Programa de Estímulos a la Innovación 2016 (232255)**
Modalidad: **Proinnova**

La empresa Mayacal cuenta con 60 años de experiencia en la elaboración de cal para distintos usos en la industria de la construcción, productos químicos y alimentos. El equipo de trabajo conformado en la empresa está integrado por ingenieros químicos, mecánicos, eléctricos e industriales con muchos años de experiencia en la producción de CaO. Estos son uno de los aspectos más importantes en la empresa que ha posicionado a la misma para ser una de las más importantes de la región del Sureste de México. En el 2012, Mayacal reformuló sus productos mejorando las calidades de los mismos. De igual manera realizó una reducción en sus costos de producción para ser más competitivo en el mercado. A partir de resultados exitosos, se implementó un programa de mejora continua que permita la identificación, análisis y generación de proyectos internos. Estos proyectos se enfocan al desarrollo de mejores productos para satisfacer la demanda de nuevos mercados. En marzo de 2014, la empresa fortalece su capacidad formal en acciones de investigación y exploración de ideas para impulsar el desarrollo de nuevos productos con aplicaciones prácticas, y así fortalecer el mercado de la cal. Esto ha generado el diseño de 5 productos con mejores formulaciones. Algunos de ellos han sido aceptados por clientes importantes, principalmente constructoras como GRUPO CASITAS y SADASI empresas enfocadas al desarrollo de conjuntos habitacionales.

La empresa Mayacal atendiendo una problemática mundial debido al impacto que tiene en el ambiente la producción de cemento, decidio desarrollar cementos con baja emisión de dióxido de carbono (CO_2). Ya que la producción mundial de cemento representa el segundo problema ambiental más importante, asociado principalmente con la cantidad de dióxido de carbono emitido. Se estima que por cada tonelada de cemento fabricado se libera aproximadamente una tonelada de dióxido de carbono (CO_2) al ambiente. La problemática real es que no existe un material alternativo que pueda reemplazar totalmente al cemento. Por lo tanto, la industria internacional de la fabricación de materiales para la construcción está impulsando la utilización de materiales compuestos que sustituyan parcialmente los volúmenes de cemento utilizado. A partir de estas tendencias en el mercado de la construcción Mayacal desarrolló fórmulas innovadoras de cementantes ecológicos a partir de hidróxido de calcio (cal) para reducir el uso del cemento tradicional para aplicaciones comerciales que sea ecológico y sustentable con el medio ambiente. Se realizó la vinculación con la Universidad del Mayab y el Centro de Investigación Científica de Yucatán para el desarrollo y caracterización de los cementantes ecológicos compuestos por cal hidratada y una puzolana para la generación de un cementante de mayor resistencia y sustentable. Esta nueva mezcla cementante tiene la característica de tener mejores propiedades mecánicas como flexibilidad y capacidad de fraguado menor al tradicional. De igual manera, la nueva mezcla cementante se realizaron pruebas de degradación como función del tiempo. La Universidad del Mayab en colaboración con el CICY se encargó de evaluar las seis formulaciones de mezclas con la intención de caracterizar las propiedades mecánicas a compresión de los productos con baja huella de carbono implementados por Mayacal con la intención de que pueda evaluarse la resistencia del mismo. De igual manera se realizó estudios de procesos de envejecimiento utilizando una cámara de corrosión salina para evaluar el deterioro como función de efectos externos como la temperatura, humedad y corrosión usando las normas ASTM B117-07a como se muestra en la Figura 3.

La primera formulación fue desarrollada a partir de una masilla (MN) y la segunda formulación fue implementando la masilla con una proporción de fibra (MF) con la intención de aumentar sus propiedades mecánicas. Una tercera formulación evaluada fue denominado mezcla (ME). La cuarta y quinta formulación se le llamó pegazulejo (PE) y porcelánico (PO) respectivamente. Finalmente la sexta formulación fue la mezcla del mortero con el pozzolime (PU).

Fig. 3. Muestras sometidas al proceso de envejecimiento por niebla salina usando la norma ASTM B117-07a para los distintos cementantes ecológicos.

Todas estas formulaciones fueron evaluadas de acuerdo a la norma ASTM C109 en donde se evaluó las probetas a compresión durante 4 periodos posteriores a la preparación: 24 horas, 3 días, 7 días y 28 días, esto con la intención de evaluar el proceso de fraguado como función del tiempo.

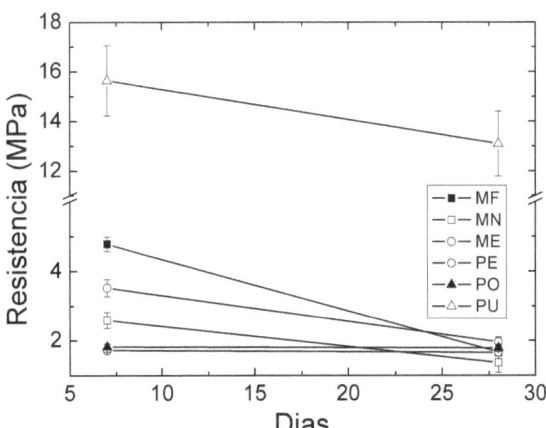

Fig. 4. Resistencia mecánica de cementantes ecológicos aplicados a viviendas sustentables.

La Figura 4 muestra los resultados de la resistencia promedio obtenida para las diferentes formulaciones desarrolladas por la empresa Mayacal. De igual manera se presentan las barras de error en cada formulación. En esta figura se puede observar que la mejor formulación obtenida es para la pozzolime (PU), la resistencia a los 7 días de fraguado es de 15.64 Mpa y a los 28 días de fraguado es de 13.09 MPa. Estos valores de resistencia de estos cementantes ecológicos son muy superiores a los evaluados.

Actualmente la empresa Mayacal se encuentra desarrollando una siguiente fase que es la implementación de una planta piloto con una producción mensual de 30 toneladas mensuales y se espera en un corto plazo realizar un escalamiento industrial a 150 toneladas mensuales.

4.2 Proyecto: DESARROLLO DE UN CALENTADOR SOLAR UTLIZANDO MATERIALES TERMOPLASTICOS

Empresa: **LARC Industries SA de CV**
Institución vinculada: **Universidad del Mayab SC y Escuela Modelo SCP**
Fondo: **Programa de Estímulos a la Innovación 2015 (221322), Programa de Estímulos a la Innovación 2016 (232255)**
Modalidad: **Proinnova**

La empresa LARC Industries SA de CV inició sus operaciones en el 2006, y la experiencia en rotomoldeo de polietileno del grupo empresarial al que pertenece se remonta desde 1994. Uno de los primeros productos de la empresa fue la fabricación de tinacos de polietileno para almacenamiento de agua grado alimenticio. Actualmente, LARC Industries cuenta con la más alta tecnología en hornos de rotomoldeo, con aseguramiento de la calidad de los productos y eficiencia en los servicios de atención al cliente.

La nueva tendencia en el mercado de los calentadores de agua solares es la fabricación del colector a partir de materiales de bajo costo como los materiales poliméricos. Este tipo de tecnología se encuentra teniendo auge en regiones donde existe una alta radiación solar. La ubicación geográfica de México le permite tener una alta radiación solar, permitiendo así que destaque en el mapa mundial de zonas con mayor promedio de radiación solar anual (Figura 5), haciéndola adecuada para la implementación de tecnologías que aprovechen este recurso.

LARC Industries realizó la vinculación academia-empresa para desarrollar un prototipo funcional de colector térmico solar de bajo costo a base de materiales termoplásticos para calentar líquidos de baja temperatura para aplicaciones en viviendas. El sistema de calentador solar de lazo cerrado o flujo continuo desarrollado por la empresa LARC Industries, se muestra en la Figura 6. Este producto se compone de un colector solar (1), un tanque de almacenamiento de agua (2), una unidad de energía térmica auxiliar (4) y diferentes accesorios, conectores y válvulas para su conexión a la red de agua donde se va a instalar.

EL SECTOR ENERGÉTICO EN MÉXICO   57

Fig. 5. Mapa de irradiación horizontal para México, el mayor potencial de irradiación se encuentra en la zona Norte [6].

El proceso de operación del calentador solar es el siguiente: el agua fría, que viene de la red de agua o del tinaco, entra en el colector solar por la parte inferior de este a través de una válvula antiretorno (válvula check), la cual impide que el agua que entró en el colector regrese a la red de agua fría.

El prototipo de calentador solar propuesto por LARC Industries consta de un colector el cual es llenado y por la salida superior del colector se introduce el agua al termotanque, el termotanque en la parte inferior cuenta con una salida que retorna el agua del termotanque al colector. La unidad auxiliar de calentamiento con el que cuenta el calentador solar deja pasar dicha agua a la red de agua caliente para días nublados en donde no se alcance a la temperatura deseada por el usuario.

En la Figura 7, se muestran los resultados de la distribución de temperaturas del calentador solar. En esta figura se observa que la temperatura inicial de entrada al colector solar fue de aproximadamente 20°C. Aquí se puede observar de igual manera que el sistema comienza en un equilibrio térmico en las distintas zonas monitoreadas (termotanque arriba, termotanque abajo, entrada y salida del colector solar). Conforme transcurre el día, en esta gráfica se puede observar que conforme se incrementa la radiación solar hay un incremento en el gradiente de temperatura absorbido por el colector solar, alcanzando casi los 100°C al mediodía. Esta energía provoca un flujo másico de agua entre el

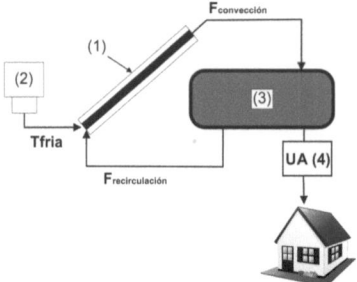 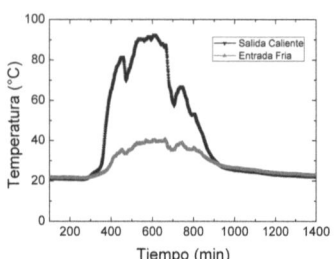

Fig. 6. Esquema general de calentador solar con sus componentes principales: (1) colector solar, (2) suministro de agua, (3) termotanque, (4) unidad auxiliar.

Fig. 7. Distribución de temperatura en la entrada y salida del calentador solar desarrollado con materiales poliméricos durante un día determinado.

termotanque y el colector (mecanismo termosifón) el cual hace que se eleve la temperatura del termotanque. Aquí igual se observa que conforme se aproxima el atardecer el gradiente de temperatura cae drásticamente en el colector mientras que en el termotanque el decaimiento es menos pronunciado. Esto es debido al aislante térmico que impide que se disipe la energía ganada por el sistema durante el día.

El calentador solar empleando utilizando materiales poliméricos propuesto por LARC Industries, demuestra ser un sistema de alta eficacia. La temperatura de salida del colector alcanza valores superiores a los esperados y la pérdida de calor en el termotanque usando la técnica de rotomoldeo tiene una pérdida de calor muy pequeña en un periodo de tiempo grande. Existe un área de oportunidad en construir el colector solar como una sola unidad para lo cual se requiere la manufactura específica del mismo, continuando con el uso de materiales de tipo polipropileno, con la intensión de disminuir los costos de fabricación y así poder implementar en el mercado un sistema económico y técnicamente factible para el uso de agua caliente para el usuario, nuestra sociedad. Actualmente este proyecto se encuentra en desarrollos de moldes para poder manufacturar los calentadores y termotanque en serie usando la técnica de rotomoldeo. De igual manera actualmente se encuentran desarrollando una casa sustentable en donde contará con paneles solares, techo verde, sistema de recolección de agua entre otros.

4.3 Proyecto: Desarrollo de un sistema hibrido a base de energía eólica y fotovoltaica para alumbrado público.

Empresa: **Augusto León Castillo, Servicio y Mantenimiento SA de CV**
Institución vinculada: **Universidad del Mayab SC**

Fondo: **Programa de Estímulos a la Innovación 2015**
Modalidad: **Innovapyme**

Augusto León Castillo, Servicio y Mantenimiento S.A de C.V (ALC Innovación) inició operaciones en el 2013 siendo esta una compañía de desarrollo de tecnologías, basadas en la investigación científica y aplicación de nuevas tecnologías. ALC Innovación cuenta con tres líneas de negocio: desarrollo de productos para la generación de energía eléctrica, desarrollo de productos para el ahorro de energía, servicio de investigación científica en el desarrollo de procesos o productos para la industria. Actualmente ALC Innovación ha enfocado sus esfuerzos al desarrollo de tecnologías de energías renovables, para esto ha iniciado la investigación en dos áreas, fuentes de energía eólica y termo-solar. Las fuentes de energía renovable han surgido como una nueva alternativa para reducir el consumo eléctrico de fuentes convencionales. Entre las más comunes utilizadas para la generación de energía eléctrica se encuentra la solar y eólica es por eso que la empresa ALC Innovación se encuentra implementando estas tecnologías aplicadas al alumbrado público.

ALC Innovación ha evaluado e identificado que las fuentes de energía renovable son ya una realidad alternativa para reducir el consumo eléctrico de fuentes convencionales. Entre las más comunes que son utilizadas para la generación de energía eléctrica se encuentra la solar y eólica. La ubicación geográfica de Mexico es ideal para el aprovechamiento de la energía solar, se estima que la cantidad de energía promedio que incide sobre el país está entre 4.7-5.8 kWh/m^2 al día. Para el caso de la energía eólica lo vientos alcanzan velocidades medias entre 4.9-8.6 m/s en zonas como el Istmo de Tehuantepec, la costa de Yucatán, la bahía de Campeche y la península de Baja California lo que lo hace adecuado para la instalación de aerogeneradores. Este hecho aunado a los altos costo de las tarifas de la electricidad y el mantenimiento del alumbrado público ha motivado la investigación e inversión de los gobiernos estatales y municipales en el alumbrado público. Tan solo el costo de este servicio proporcionado por los municipios se ha estimado entre un 5-10% del gasto corriente. ALC Innovación ha encontrado un área de oportunidad para el desarrollo de tecnologías renovables que puedan tener aplicaciones en el alumbrado público en calles, avenidas cercanas a zonas costeras con alto índice de radiación y velocidades de viento superiores a los 4 m/s. En este proyecto ALC Innovación desarrolla una luminaria hibrida eólica/solar para su uso en zonas con alto potencial eólico como se muestra en la Figura 8.

Entre los principales resultados de este proyecto de luminarias híbridas realizado por la empresa ALC Innovación y la Universidad del Mayab se encuentra la utilización de la geometría planeada en la solicitud de patente MX/E/2015/008420 propuesta por la misma empresa con una modificación de la esbeltez de 2.3 a 2.7 por lo que se redujo el ancho respecto a la longitud del rotor. Se realizaron simulaciones numéricas a través de un análisis aerodinámico en donde se mostró que el rotor modificado cuenta con un com-

Fig. 8. Componentes que integran la luminaria hibrida eólica/solar para alumbrado público.

portamiento aerodinámico igual al rotor Savonius helicoidal original. El nuevo diseño del rotor permite tener un mejor balance a lo largo del eje y una estructura de mayor simplicidad para el proceso de montaje al generador eléctrico, reduciendo las vibraciones mecánicas a bajas velocidades angulares. Otra de las innovaciones que se planteó en la luminaria híbrida fue el molde diseñado, ya que este permitió alcanzar una precisión en la fabricación mayor al 97% respecto a su geometría teórica. Esto permitió la instalación del rotor con un solo punto de apoyo sobre un poste de alumbrado público para crear el sistema hibrido eólico/solar.

De la vinculación con la Universidad se realizó estudios de envejecimiento acelerado de la fibra de vidrio (FV) utilizada para la manufactura de aerogeneradores Savonius. Para esto se utilizó la norma ASTM G154-06 durante un periodo de 900 h continuas equivalentes a una exposición natural de 15 meses. La FV presentó una pérdida de reflectacia de un 10% siendo poco apreciable respecto a la muestra de referencia. Otro resultado importante para mencionar se encuentra que el diseño integral del sistema de alumbrado híbrido, desde la base de los paneles solares y la base de montaje del eje del aerogenerador es un diseño propuesto por ALC Innovación y hace una diferencia a las luminarias propuestas que están en el mercado mexicano debido a la incorporación del rotor eólico. Esta luminaria híbrida cuenta con un sistema de control la cual permite a la lámpara de LED controlar el tiempo de encendido/apagado a la vez de controlar la potencia de la lámpara mediante el flujo de corriente, con la finalidad de hacer más eficiente el banco de baterías. Finalmente el balance global la luminaria hibrida eólica/solar es capaz de funcionar de manera autónoma por más de 4 noches continuas durante días nublados para lámparas con una potencia nominal de 36 W aproximadamente. Esta autonomía es generada dando un 70% el panel fotovoltaico y el otro 30% el aerogenerador.

Actualmente ALC Innovación se encuentra en una etapa de mejora del material para incrementar el tiempo de vida del rotor Savonius. Para esto se están modificando el arreglo en fibra de vidrio con la intención de aumentar sus propiedades mecánicas del mismo. De igual manera se están realizando estudio de procesos de envejecimiento acelerado usando una cámara UV para evaluar el desempeño del material.

5 CONCLUSIONES

El mundo se está preparando a la transición de combustibles fósiles a energías renovables. Al cierre del 2015 ya se cuenta con un 20% de la producción global de energía renovable y se han implementado iniciativas ya en un 87% de los países del mundo para potencializar el mercado de energía renovable. México cuenta ya con iniciativas que permitirán el desarrollo de este mercado. La innovación de las nuevas generaciones y la economía basada en el conocimiento fortalecerán los mercados internos con apoyo de los fondos sectoriales que actualmente se promueven. La importancia de la inversión privada en conjunto con el gobierno federal permitirá la potencialización de nuevos productos y/o servicios que permitan optimizar la generación de energía.

Referencias

[1] LuAnn Dahlman, Climate Change: Global Temperature, NOAA Climate.gov.
[2] REN 21 2016, Renewables 2016 Global Status Report.
[3] Balance Nacional de Energía 2014, Secretaria de Energía, 2015.
[4] Prospectivas Energías Renovables 2015-2029, Secretaría de Energía, 2016.
[5] Daniel Villacencio, Marcela Amaro, Edgar Bañuelos, Antonio Chiapa, Alberto Morales, Leonardo Souza, Yo innovo, él innova, todos innovamos: 15 proyectos apoyados por el FIT, Secretaría de Economía-Conacyt, Cengage Learning, 2015.
[6] Mapa de irradiación solar en México, pagina web: http://solargis.info/.

PRODUCCIÓN DE BIODIESEL CON JATROPHA CURCAS Y LODOS ACTIVADOS, DOS MATERIAS PRIMAS NO COMESTIBLES

José Manuel Carrión Jiménez[1], Citlali Carrillo García[1], José Luis González Bucio[1], Fernando Flores Murrieta[1], Graciano Calva Calva[2]

[1] Departamento de Ingeniería, Universidad de Quintana Roo, Blvd. Bahía s/n Esq I. Comonfort Col. Del Bosque, Chetumal, Quintana Roo, México. jmcarrion@uqroo.edu.mx
[2] Departamento de Biotecnología, CINVESTAV-Zacatenco, Avenida IPN 2506 Zacatenco Ciudad de México

1 INTRODUCCIÓN

En años recientes la producción de biocombustibles en remplazo de los combustibles provenientes de hidrocarburos, se ha vuelto un objetivo prioritario de la política energética de varios países industrializados. Para estas naciones, los biocombustibles representan una expectativa posible para la reducción de su dependencia a la importación de petróleo y la disminución de las emisiones de gases tipo invernadero y de otros de calidad contaminante. Un biocombustible potencialmente interesante es el biodiesel. El biodiesel es un combustible formado por esteres metílicos o etílicos de ácidos grasos, derivado de la transesterificación de aceites vegetales o de grasas animales con alcoholes alifáticos de bajo peso molecular usando catalizadores ácidos, básicos o enzimáticos (Haas y col., 2004), tiene la ventaja de ser biodegradable, de base renovable, no tóxico y presenta bajas emisiones contaminantes, especialmente de SOx. Actualmente la producción de biodiesel a partir de aceites vegetales representa un reto económico importante ya que el aceite puro es caro y constituye entre el 70 a 85 % del costo total de producción de biodiesel. Además, algunas de las materias primas utilizadas para obtener el aceite puro son usadas también como alimento del ser humano, tal como el aceite de girasol, canola y soya. Este hecho ha evidenciado que el uso de materias primas comestibles en la elaboración de biodiesel se vuelve un factor competitivo socialmente desventajoso para el sector alimentario, sobre todo en países subdesarrollados o de economías emergentes, que mantienen deficiencias estructurales graves para la producción de granos y semillas alimenticias. Sin embargo considerando el factor antes mencionado, varios aceites vegetales no comestibles han sido investigados ampliamente, probados e incluso usados para la producción comercial de biodiesel, entre ellos están el aceite de Jatropha Curcas, de nahor, y de karanja (De y Bhattacharyya, 1999, Hass, y col., 2007, Yusuf y col., 2012). La Jatropha Curcas es una oleaginosa de porte arbustivo originaria de México y Centroamérica y crece en la mayoría de los países tropicales, es también conocida como Piñón de Tempate, higo de infierno, piñón botija y piñoncito. El aceite de Jatropha curcas es un producto importante de la planta ya que este aceite puede ser transesterificado y esterificado para transformarlo a biodiesel, además dado que es una planta no comestible no compite con el alimento humano. Otra materia prima no comestible que recientemente se ha demostrado que puede ser utilizada como materia prima para producir biodiesel, son los lodos activados presentes en plantas de tratamiento de aguas residuales; esto debido a que contienen una cantidad considerable de lípidos, siendo así una materia prima potencialmente interesante para producir biodiesel dado que no tiene costo alguno y es un desecho disponible en muchas plantas de tratamiento. De lo anteriormente mencionado tanto Jatropha Curcas como los lodos activados se presentan como materias primas no comestibles potencialmente interesantes para la producción de biodiesel, sin embargo, existen varias razones técnicas y económicas importantes que considerar en la producción que inciden en el precio final del biodiesel, las cuales son analizadas en este capítulo.

2 Reacciones Químicas de Formación de Biodiesel

El biodiesel puede ser obtenido a través de la reacción de transesterificación de triglicéridos, diglicéridos, monoglicéridos y fosfolípidos, o mediante una reacción de esterificación de ácidos grasos libres. Ambas reacciones pueden realizarse con metanol o etanol y empleando un catalizador. Las reacciones de transesterificación y esterificación con metanol y ácido como catalizador son esquematizadas en la Figura 1(Liu y Zhao, 2007). Hay tres factores importantes que considerar en estas reacciones:

a) En la reacción de transesterificación además de producirse biodiesel, se produce glicerol. El glicerol es usado en la industria para elaborar cosméticos y en formulaciones farmacéuticas por lo que tiene un valor comercial.
b) La reacción de esterificación requiere una cantidad mayor de catalizador con respecto a la reacción de transesterificación (Siddique, y col., 2011).
c) En la reacción de esterificación se forma agua como subproducto. En la producción de biodiesel esto representa un problema ya que la presencia de agua puede detener la reacción de esterificación.

El aceite vegetal puede contener una mezcla de glicéridos como triglicéridos, diglicéridos y monoglicéridos además de fosfolípidos y ácidos grasos libres, por lo que el contenido de aceite y las características de éste son factores importantes a considerar en la producción de biodiesel, ya que estos influyen

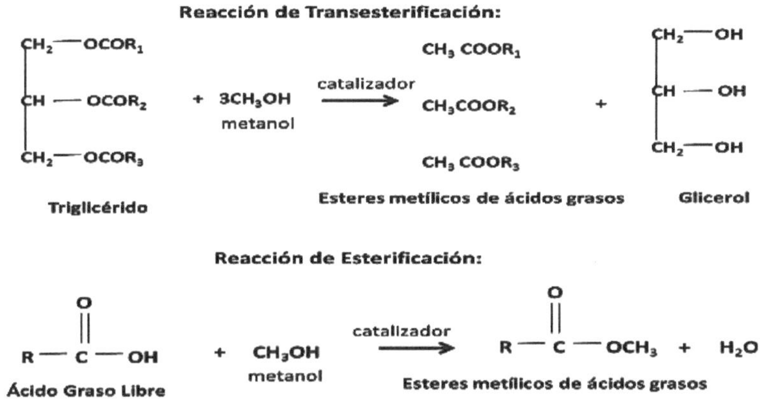

Reacción de Transesterificación:

$$\begin{array}{c} CH_2-OCOR_1 \\ | \\ CH-OCOR_2 \\ | \\ CH_2-OCOR_3 \end{array} + 3CH_3OH \xrightarrow{catalizador} \begin{array}{c} CH_3\,COOR_1 \\ CH_3COOR_2 \\ CH_3\,COOR_3 \end{array} + \begin{array}{c} CH_2-OH \\ | \\ CH-OH \\ | \\ CH_2-OH \end{array}$$

Triglicérido   metanol   Esteres metílicos de ácidos grasos   Glicerol

Reacción de Esterificación:

$$R-\overset{O}{\underset{\|}{C}}-OH + CH_3OH \xrightarrow{catalizador} R-\overset{O}{\underset{\|}{C}}-OCH_3 + H_2O$$

Ácido Graso Libre   metanol   Esteres metílicos de ácidos grasos

Fig. 1. Reacciones de transesterificación y de esterificación para obtener biodiesel con metanol.

en las reacciones de conversión de biodiesel y por lo tanto inciden en el proceso y el costo de producción de biodiesel.

3 Caractersticas del aceite de Jatropha curcas

La Tabla 1, presenta las propiedades fisicoquímicas, el contenido de aceite y de ácidos grasos de la semilla de Jatropha curcas (Banerji y col., 1985).

Tabla 1. Propiedades fisicoquímicas, contenido de aceite y de ácidos grasos de la semilla de Jatropha curcas.

		Ácidos Grasos	%
Contenido de aceite (%)	48.5	Mirístico (14:0)	trazas
Gravedad específica (25 °C)	0.9297	Palmítico (16:0)	18.5
Índice refractivo (30 °C)	1.4650	Esteárico (18:0)	2.3
Valor de Iodo	97.5	Oleico (18:1)	49.0
Valor de saponificación	102.9	Linoleico (18:2)	29.7
Valor calorífico ($kJ\ g^{-1}$)	41.77		

Como se puede observar de la Tabla 1, la semilla de Jatropha es rica en ácido oleico y de los ácidos grasos que contiene, 20.8 % son saturados y 78.7% son no saturados. El contenido total de ácidos grasos libres en el aceite de Jatropha curcas varía desde valores reportados de 5.29% a 21.60 % (Berchmans y Hirata,

2008, Folaranmi, 2013, Vyas y col., 2009) con un valor promedio de 14 % (Koh y Ghazi, 2011). La presencia de ácidos grasos libres en el aceite de Jatropha curcas representa un problema en la producción de biodiesel, debido a que los ácidos grasos libres tienen que ser transformados a biodiesel vía una reacción de esterificación, lo cual incrementa los requerimientos de catalizador para la producción del biodiesel y también generan productos indeseables, como agua en el caso de reacción catalítica ácida homogénea y jabón en el caso de reacción catalítica básica.

4 Características del aceite de los lodos activados

Los lodos activados provenientes de plantas de tratamiento de aguas residuales municipales contienen concentraciones considerables de lípidos derivadas de la adsorción directa de lípidos en los lodos. Estos lípidos fuente de energía incluyen triglicéridos, diglicéridos, monoglicéridos y fosfolípidos además de ácidos grasos libres contenidos en las grasas y aceites del lodo activado (Dufreche, y col., 2007, Mondala, y col., 2012, Revellame, y col., 2010, Siddique, y col., 2011). Además la membrana celular de las bacterias presentes en el lodo activado contiene fosfolípidos en valores de entre 24 y 25 % de la masa seca total de la bacteria. Los fosfolípidos producen alrededor del 7% de aceite extraído de lodos secundarios secos. En estudio realizado por Dufreche y col. (2007) determinaron un contenido de aceite de aproximadamente 28 %. en lodos activados secundarios secos. En cuanto a contenido de ácidos grasos, este puede variar dependiendo de la planta de tratamiento de agua residual, sin embargo diversos estudios han demostrado que hasta 36.8% del lodo seco puede estar compuesto de esteroides y ácidos grasos, con ácidos grasos predominando entre 10 y 18 carbonos (Jardé y col., 2005).

5 Procesos de producción de biodiesel con Jatropha curcas y lodos activados

La Figura 2, presenta los procesos convencionales para producir biodiesel, usando lodos activados secundarios de plantas de tratamiento de aguas residuales municipales y semillas de Jatropha curcas. El proceso de producción de biodiesel usando lodos activados secundarios inicia con la centrifugación de los lodos activados, ya que este tipo de lodo contiene de 1 a 2% de sólidos. Posteriormente el lodo centrifugado es pasado a una etapa de secado para reducir sus niveles de humedad. El lodo con bajo contenido de humedad es pasado a un reactor donde se realiza la extracción de aceite y la reacción de transesterificación en una sola etapa denominada transesterificación in situ. La transesterificación in situ presenta las ventajas de realizar la extracción de lípidos y la transesterificación en una sola etapa y de requerir menor cantidad de solvente para la extracción, disminuyendo así los costos del proceso. Mediante la transesterificación in situ es posible obtener rendimientos de biodiesel de aproximadamente 6.2% (Dufreche, y col., 2007). Existen varios trabajos de investigación que se enfocan en la optimización del rendimiento de biodiesel en esta etapa del proceso (Mondala, et al., 2012, Revellame, et al., 2010, Revellame, et al., 2011). Sin embargo la optimización de la reacción representa un reto importante ya que varios factores afectan el rendimiento obtenido de biodiesel en la transesterificación in-situ. Los factores que afectan el rendimiento son: el tiempo de reacción, la temperatura a la cual se lleva la reacción de transesterificacion, la relación metanol-lodo y la concentración de catalizador (Kargbo, 2012).

La etapa final del proceso de producción de biodiesel consiste en una extracción empleando generalmente hexano como solvente de extracción.

En el caso de Jatropha curcas el proceso de producción de biodiesel es más complejo, donde es necesario separar las semillas para que posteriormente estas sean trituradas para que en una etapa siguiente se extraiga el aceite de estas mediante un solvente y después el aceite extraído es pasado a una etapa de secado. A diferencia del proceso de lodos activados el aceite de Jatropha curcas tiene que pasar a una etapa de esterificación ya que el aceite de Jatropha contiene un alto contenido de aceites grasos libres. Los ácidos grasos libres tienen un efecto negativo en la transesterificación de glicéridos con alcohol cuando se usa un catalizador básico; ya que estos ácidos reaccionan con el catalizador formando jabón volviendo la separación de biodiesel extremadamente difícil, dando como resultado rendimientos de biodiesel más bajos. Debido a que el aceite de Jatropha contiene alrededor del 14% de ácidos grasos libres, es necesario realizar un tratamiento para disminuir la cantidad de estos ácidos por debajo del 1%, para que las reacciones de transesterificación se realicen de forma adecuada con un catalizador básico ya que se ha reportado que la transesterificación no se realiza cuando el contenido de ácidos grasos libres en el aceite excede el 3% (Patil y col., 2009). Tratamientos para disminuir la cantidad de ácidos grasos tales como destilación por arrastre de vapor, extracción con alcohol y esterificación con catalizador ácido han sido propuestos, siendo la esterificación con metanol en la presencia de un catalizador ácido el método de tratamiento más utilizado, ya que es simple y el catalizador ácido ayuda a que estos ácidos presentes en el aceite se conviertan a biodiesel. Sin embargo muchos trabajos de investigación siguen realizándose en busca de las condiciones óptimas del tratamiento de los ácidos grasos libres (relación metanol-aceite, porcentaje de ácido, temperatura y tiempo de reacción) con el objetivo de disminuir los costos que representa esta etapa del proceso.

Después de la etapa de esterificación, el aceite de Jatropha bajo en ácidos grasos libres es transesterificado con metanol en presencia de un catalizador básico. Los catalizadores más ampliamente usados son el hidróxido de sodio y el hidróxido de potasio, debido a que tienen un bajo costo y la velocidad de reacción de transesterificación es más alta que las velocidad de una reacción con un catalizador, además de que se alcanzan rendimientos de biodiesel de hasta el 99% con un tiempo de reacción de 60 minutos (Koh y Ghazi, 2011).

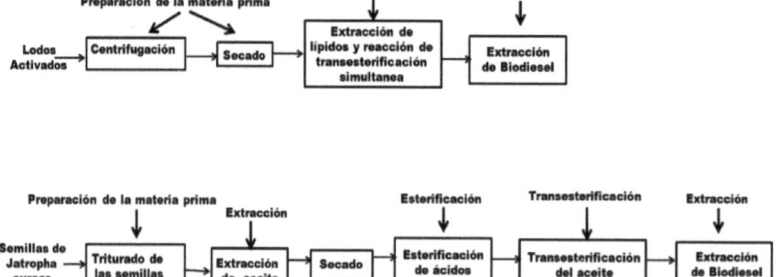

Fig. 2. Procesos de producción de biodiesel usando Jatropha curcas y lodos activados como materia prima.

La Tabla 2, presenta las ventajas y desventajas de la producción de biodiesel empleando Jatropha curcas y lodos activados como materia prima. La Jatropha curcas presenta la ventaja de un rendimiento alto de biodiesel, sin embargo su principal desventaja es el alto contenido de ácidos grasos libres lo cual implica una etapa adicional del proceso incidiendo así en un costo adicional por el requerimiento de catalizador ácido. En el caso de los lodos activados su principal ventaja radica en el hecho de que están ampliamente disponibles en plantas de tratamiento sin representar costo alguno; sin embargo su principal desventaja son los rendimientos de biodiesel bajos los cuales influyen en el precio final del biodiesel.

6 Conclusiones

La semilla de Jatropha Curcas así como los lodos activados se presentan como materias primas no comestibles potencialmente interesantes para la producción de biodiesel, sin embargo hoy en día los costos de producción del biodiesel usando estas materias primas exceden los del diesel de petróleo, aún en los periodos de altos precios internacionales de este último. Como opción se ha mantenido una progresiva investigación en optimizar las etapas del proceso que inciden principalmente en el costo final del biodiesel, tal como la etapa de esterificación en el caso de Jatropha curcas y de la transesterificación in situ en el caso de los lodos activados; ya que es innegable el interés prioritario de los países altamente industrializados por contar con alternativas al inevitable agotamiento futuro de las reservas mundiales de combustibles fósiles, especialmente, a sus crecientes ritmos de consumo. Aunado al hecho de contribuir con un combustible en países subdesarrollados sin competir por el preciado alimento para consumo humano.

Tabla 2. Comparación de la producción de biodiesel con Jatropha curcas y lodos activados como materia prima.

Materia prima	Ventajas	Desventajas
Jatropha curcas	Altos rendimientos de aceite por hectárea.	Alta presencia de ácidos grasos libres.
	Altos rendimientos de biodiesel.	Se requiere una etapa de tratamiento de los ácidos grasos libres.
	Mayor productivida.	Separación de productos más compleja.
	Alto índice de cetano.	En reacciones catalíticas básicas se presenta formación de jabón.
	velocidades de reacción mayores	
Lodos activados	Alta disponibilidad en plantas de tratamiento de aguas residuales.	Rendimientos bajos de biodiesel.
	Extracción de lípidos y transesterificación en una sola etapa.	costos de producción altos.
	Separación de productos más simple.	
	No hay formación de jabón.	
	Menor número de etapas de proceso requeridas.	

Referencias

[1] Berchmans, H.J. and , Hirata S. (2008) Biodiesel production from crude Jatropha curcas L. seed oil with a high content of free fatty. Bioresource Technology, **99**: 1716-1721.

[2] Banerji, R., Chowdhury, A. R., Misra G., Sudarsanam G., Verma, S.C. and Srivastava G.S. (1985) Jatropha seed oils for energy. Biomass, **8**: 277-282.

[3] De B. K. and Bhattacharyya D. K. (1999) Biodiesel from minor vegetable oils like karanja oil and nahor oil. Fett/Lipid, **101**: 404406.

[4] Dufreche S., Hernandez R., Sparks D., Zappi M. and French E. T. (2007) Extraction of Lipids from Municipal Wastewater Plant Microorganisms for Production of Biodiesel. J Amer Oil Chem Soc., **84**: 181187.

[5] Folaranmi J. (2013) Production of biodiesel (B100) from Jatropha oil using sodium hydroxide as catalyst. J. of Petroleum Engineering, Article ID 956479, 6 pages http://dx.doi.org/10.1155/2013/956479.

[6] Haas, M.J., Scott, K.M., Marmer, W.N., Foglia T.A., 2004. In situ alkaline transesterification: An effective method for the production of fatty acid esters from vegetable oils. J. Am Oil Chem. Soc., **81**:83-89.

[7] Haas MJ, Scott KM, Foglia TA and Marmer WN. (2007) The general applicability of in situ transesterification for the production of fatty acid esters from a variety of feedstocks. J Am Oil Chem Soc., **84**: 963970.

[8] Jarde E., Mansuy l., Faure P. (2005), Organic markers in the lipidic fraction of sewage sludge, Water Research, **39**: 1215-1232.

[9] Koh M. Y. and Ghazi Tinia M. (2011) A review of biodiesel production from Jatropha curcas L. oil. Renewable and Sustainable Energy Reviews, **15**: 2240- 2251.

[10] Mondala H., Hernandez R., French T. and McFarland L. (2012) Enhanced Lipid and Biodiesel Production from Glucose-Fed Activated Sludge: Kinetics and Microbial Community Analysis. AIChE Journal, **58**(4): 1279-1290.

[11] Patil PD, Deng S. (2009) Optimization of biodiesel production from edible and nonedible vegetable oils. Fuel, **88**:13026.

[12] Revellame E., Hernandez R., French W. ,William H., Earl A. and Robert Callahan II (2011) Production of biodiesel from wet activated sludge. J Chem Technol Biotechnol., **86**: 6168.

[13] Siddiquee N., Kazemian H. and Sohrab Rohani (2011) Biodiesel Production from the Lipid of Wastewater Sludge Using an Acidic Heterogeneous Catalyst. Chem. Eng. Technol., **34** (12): 19831988.

[14] Vyas, A., Subrahmanyan , N. and Patel, P. (2009) Production of biodiesel through transesterification of Jatropha oil using KNO3/Al2O3 solid calayst. Fuel, **88**:625-628.

[15] Yusuf, N. N.A.N., Kamarudin, S. K. and Yaakob, Z. (2012), Overview on the production of biodiesel from Jatropha curcas L. by using heterogenous catalysts. Biofuels, Bioprod. Bioref., **6**: 319334.

AHORRO DE ENERGÍA EN TURBOMÁQUINAS CENTRÍFUGAS POR CONTROL DE FLUJO

René Tolentino Eslava[1], Guilibaldo Tolentino Eslava[2], Miguel Toledo Velázquez[2]

[1] Instituto Politécnico Nacional, Escuela Superior de Ingeniería Mecánica y Eléctrica, Unidad Profesional Adolfo López Mateos, Departamento de Ingeniería en Control y Automatización
rtolentino@ipn.mx

[2] Instituto Politécnico Nacional, Escuela Superior de Ingeniería Mecánica y Eléctrica, Unidad Profesional Adolfo López Mateos, Sección de Estudios de Posgrado e Investigación, Laboratorio de Ingeniería Térmica e Hidráulica Aplicada

1 INTRODUCCIÓN

La Agencia Internacional de Energía (IEA, por sus siglas en inglés) realizó un estudio en 55 países incluido México. La demanda total de energía eléctrica fue de 14,465 TWh/año, de los que 6,621 TWh/año (45.8%) fueron consumidos por motores eléctricos. En México la demanda fue de 199 TWh/año y 98 TWh/año consumieron (49.2%) los motores. El movimiento mecánico (transporte de personas y mercancías) consumió 1,986 TWh/año, los compresores demandaron 2,119 TWh/año, las bombas y ventiladores consumieron 2,516 TWh/año [1]. La industria demanda el movimiento de líquidos y gases y la mayoría de los procesos operan a flujos menores al máximo generado por ventiladores, bombas, compresores y sopladores, por lo que son necesarios métodos que regulen el flujo; siendo las válvulas el elemento más empleado para este propósito y actualmente se están implementado los variadores de frecuencia para este fin. Este trabajo muestra los resultados experimentales de ahorro de energía en una bomba centrífuga y ventilador centrífugo regulando el flujo con una válvula y un variador de frecuencia.

2 TURBOMÁQUINAS CENTRÍFUGAS. VENTILADORES Y BOMBAS

Un ventilador es una turbomáquina que la energía absorbida por el rodete la restituye al gas, comunicándole un incremento de presión (< 10 kPa) que no genera un cambio significativo en la densidad, por lo que los efectos de la compresibilidad se desprecian. Una clasificación de los ventiladores es por la dirección del flujo en el rodete, teniéndose: ventiladores centrífugos, en los que el gas se mueve paralelo al eje de rotación del rodete y sale perpendicular a éste; ventiladores axiales, el gas se mueve paralelo al eje de rotación del rodete. Por los intervalos de presión y flujo, los ventiladores centrífugos se emplean para presiones medias a altas y flujos pequeños; los ventiladores axiales se usan para mover flujos grandes a presiones bajas.

Las bombas son máquinas que convierten la energía mecánica en un incremento de presión del líquido, para transportarlo de un lugar a otro a presión y flujo necesarios. Se clasifican de acuerdo a la posición del eje en horizontales y verticales, en función del flujo en el interior del impulsor en bombas de flujo axial, flujo mixto y radial. En las bombas de flujo radial (centrífugas) el líquido es dirigido en las direcciones correspondientes a los radios del círculo descrito por el impulsor, son las más usadas en la industria, debido a que manejan cargas intermedias y elevadas. Las bombas de flujo axial pueden trabajar con fluidos que contengan elementos sólidos; las bombas de flujo mixto utilizan una combinación de las características de los impulsores, tanto radial y axial, este tipo de bombas son utilizadas para impulsar fluidos como pulpas.

2.1 Curvas Características

Para conocer el comportamiento de una turbomáquina se emplean las curvas características que representan su funcionamiento. En un ventilador muestran los valores de presión, potencia consumida y eficiencia a flujos desde 0% hasta 100%, siendo estas: presión estática (p_e), presión total (p_t), potencia del motor eléctrico (P), eficiencia estática (η_e) y eficiencia total (η_t). Las curvas se obtienen en arreglos que simulan la instalación del ventilador; siendo estas: Tipo A, entrada libre-salida libre; Tipo B, entrada libre-ducto de salida; Tipo C, ducto de entrada-salida libre; y Tipo D, ducto de entrada-ducto de salida. Las curvas características de las bombas son: flujo-carga ($Q - H$), flujo-potencia ($Q - P$) y flujo-eficiencia ($Q - \eta$). Estas permiten conocer el comportamiento de las bombas una vez instaladas. La curva $Q - H$, representa la carga que la bomba puede generar en función del flujo. La curva $Q - \eta$, muestra la eficiencia a diferentes flujos. La curva $Q - P$, proporciona la potencia del motor eléctrico a diferentes condiciones.

2.2 Leyes de Afinidad

Estas leyes demuestran que las curvas características se comportan de la misma manera para bombas similares y proporcionan la relación entre el flujo, carga o presión, y potencia respecto a la velocidad angular o diámetro del impulsor de la turbomáquina. Para el control de flujo con variadores de frecuencia, el diámetro del impulsor es constante y la velocidad angular varía. En las ecuaciones 1 a 3: Q representa el flujo en m^3/s, N es la velocidad angular en rpm; H es la carga o presión de la máquina, en m H$_2$O o Pa; P es la potencia del motor eléctrico en kW. Los subíndices 1 y 2 representan las condiciones iniciales y finales.

$$\frac{Q_1}{Q_2} = \frac{N_1}{N_2} \tag{1}$$

$$\frac{H_1}{H_2} = \left(\frac{N_1}{N_2}\right)^2 \tag{2}$$

$$\frac{P_1}{P_2} = \left(\frac{N_1}{N_2}\right)^3 \tag{3}$$

Las leyes de afinidad establecen que la variación del flujo respecto a la velocidad es una función lineal (ec. 1), la carga o presión respecto a velocidad es una función cuadrática (ec. 2), y la potencia es una función cúbica de velocidad (ec. 3).

3 AHORRO DE ENERGÍA

La regulación de flujo en turbomaquinaria se realiza por dos métodos velocidad constante y velocidad variable. Dentro de la velocidad constante para ventiladores se tienen compuertas en la succión o descarga; en las bombas se emplean válvulas de regulación en la entrada o salida. Los métodos de velocidad variable son motor de velocidad variable, acoplamientos hidráulicos, acoplamientos magnéticos y variador de velocidad.

3.1 Control de Flujo por Válvulas

Los métodos de estrangulamiento en ventiladores son compuertas de álabes opuestos, paralelos y cónicos. Si se colocan en la succión se requiere una caja de entrada que se adapte a la geometría de la compuerta, si se instalan en la descarga este dispositivo no es necesario. Otro método es el de álabes de entrada variable tipo cónico o cilíndrico que pueden ser manuales o automáticos. La regulación en bombas emplea la válvula estrangulando en la descarga, succión o colocada en una línea de recirculación. En la descarga la válvula regula el flujo y modifica la curva del sistema al igual que si se coloca en la succión.

3.2 Variadores de Frecuencia

Este método de regulación es de los más eficientes, ya que como elemento de control el variador de frecuencia mantiene siempre un control de la potencia eléctrica entregada al motor eléctrico de la bomba o ventilador, de esta forma se tiene una regulación de la velocidad del motor y del flujo impulsado por la turbomáquina. Este tipo de modulación de flujo controla la frecuencia del motor eléctrico para variar la velocidad del motor, de acuerdo con la siguiente relación:

$$\omega = \frac{120 \times f}{NP} \quad (4)$$

En donde ω es la velocidad angular en rpm, f es la frecuencia en Hz, y NP es el número de polos del motor eléctrico. El variador de frecuencia permite la variación de la velocidad en el motor sin ningún accesorio entre el motor y la carga. La ventaja del variador es que reduce los costos de energía eléctrica en los procesos que controla resultando menores costos en la operación.

3.3 Comparación de Métodos de Control de Flujo

Para obtener el ahorro de energía se debe graficar el desempeño del ventilador en ejes de potencia-flujo. La Figura 1 muestra la potencia consumida por diferentes métodos de control de flujo en ventiladores. La Tabla 1 presenta la comparación entre los métodos de regulación de flujo en bombas, donde se observan las diferencias que hay en el consumo de energía.

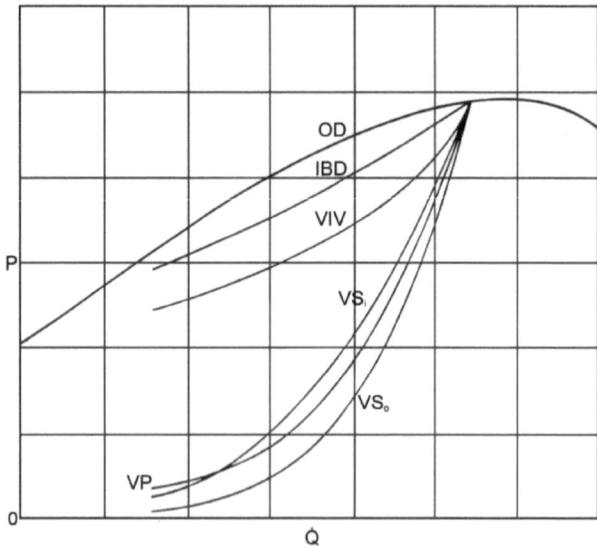

Fig. 1. Ahorro de energía en ventiladores por diferentes métodos de control de flujo [3].OD, Outlet Damper; IBD, Inlet Box Damper; VIV, Variable Inlet Vane; VS, Variable Speed y VP, Variable Pitch.

Tabla 1. Energía consumida por bombas mediante diferentes métodos de control de flujo [4].

CONTROL	ENERGÍA (%)
Estrangulamiento	89
Recirculación	82
Control ON-OFF	70
Control de velocidad	45

4 CASOS DE APLICACIÓN: RESULTADOS DE LABORATORIO

El Laboratorio de Ingeniería Térmica e Hidráulica Aplicada (LABINTHAP®) tiene instalaciones experimentales para realizar investigación en termofluidos y uso eficiente de energía. A continuación se describen 2 de ellas y resultados obtenidos

4.1 Banco de Pruebas de Tuberías y Accesorios

Una bomba centrífuga accionada por un motor trifásico de 3.725 kW (5 hp) con succión de 38.1 mm (1.5 in) y descarga de 31.75 mm (1.25 in) genera el flujo en la instalación tomando el agua de un tanque de 450 l. El flujo se regula con una válvula de globo de 31.75 mm (1.25 in). La tubería principal se divide en ramales de 19 mm (0.75 in), 25.4 mm (1 in) y 38 mm (1.5 in) de diámetro que se unen en una tubería de 50.8 mm (2 in) que retorna el agua al tanque. El ahorro de energía se obtuvo con la tubería de 38.1 mm. El flujo se mide con una placa de orificio de 0.02626 m (1.034 in) diámetro y relación de diámetros (β) de 0.513 instalada en la tubería de retorno. Las variables eléctricas se midieron con un analizador de calidad de energía y la velocidad angular con un tacómetro. La instalación tiene un variador de frecuencia, detalles de la instalacin se describen en [7].

Curvas Características de la Bomba Centrífuga

Las curvas se obtuvieron con parte de la metodología de la NOM-004-ENER-2014 [5], que requiere 10 flujos desde válvula abierta hasta válvula cerrada. En cada flujo se midieron las variables de presión de succión y descarga, presión diferencial en la placa de orificio, potencia del motor, velocidad angular y temperatura del agua. La carga (H) se determina con la ec. 5.

$$H = p_d - p_s \tag{5}$$

El flujo (Q) en m^3/s; se obtiene del coeficiente de descarga (C_d) de 0.6034; relación de dimetros (β); el área del orifico (A_2) en m^2; diferencia de presión de la placa de orificio (Δp), en Pa; densidad del agua (ρ) a temperatura de operación, en kg/m^3.

$$Q = \frac{C_d A_2}{\sqrt{1-\beta^4}}\sqrt{\frac{2\Delta p}{\rho}} \qquad (6)$$

La eficiencia (η) es la relación de potencia hidráulica (P_h) y potencia eléctrica (P).

$$P_h = \rho g H Q \qquad (7)$$

$$\eta = \frac{P_h}{P} \times 100 \qquad (8)$$

La Figura 2 presenta las curvas de la bomba a 3,525 rpm. La curva $Q - H$, muestra que a flujo máximo (5.41 lps) la carga es de 34.6 mca, y a flujo nulo la carga es 51.1 mca. La curva $Q - P$, muestra que a Q máx la potencia es 5.279 kW y para flujo nulo la potencia es 2.982 kW. La eficiencia máxima es 35% para flujo máximo.

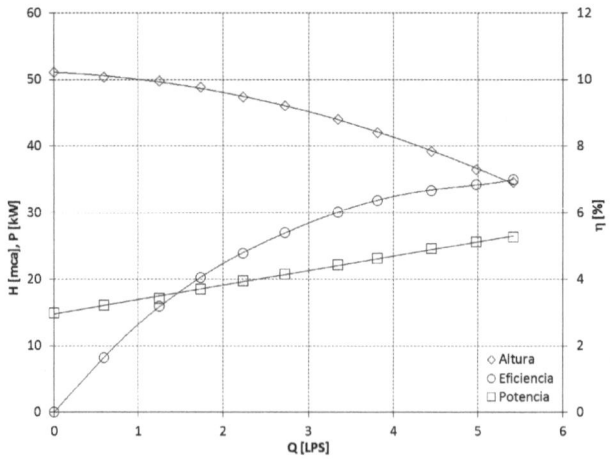

Fig. 2. Curvas características de la bomba centrfuga a 3,525 rpm.

Comportamiento de la Bomba a Velocidad Variable

Se realizó una prueba a diferentes frecuencias (f) del variador igualando los flujos obtenidos con la válvula, midiendo la velocidad angular (ω), flujo (Q), y potencia consumida (P). La Figura 3 muestra las relaciones $f - \omega$ y $\omega - Q$, observándose que la relación entre estas variables es lineal (ec. 1 y 4). La Figura 4 muestra las relaciones $\omega - H$ y $\omega - P$, el comportamiento de estas variables sigue las leyes de afinidad (ec. 2 y ec. 3). Siendo la variación de carga y potencia funciones cuadrática y cúbica de la velocidad angular respectivamente. De la relación $\omega - P$ (Fig. 4), se infiere que al variar la velocidad angular se tendá un consumo de energía menor con el variador de frecuencia respecto a la válvula.

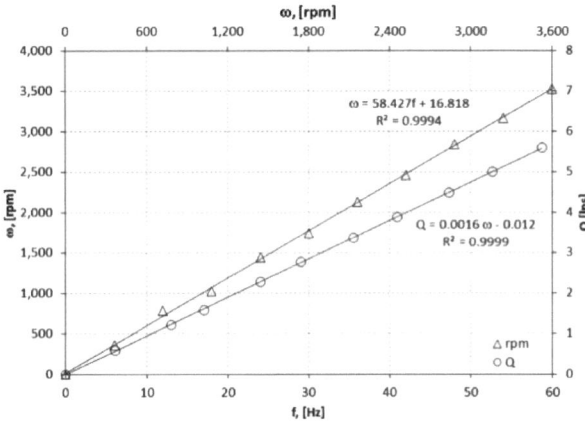

Fig. 3. Relación $f - \omega$ y $\omega - Q$ de la bomba centrífuga.

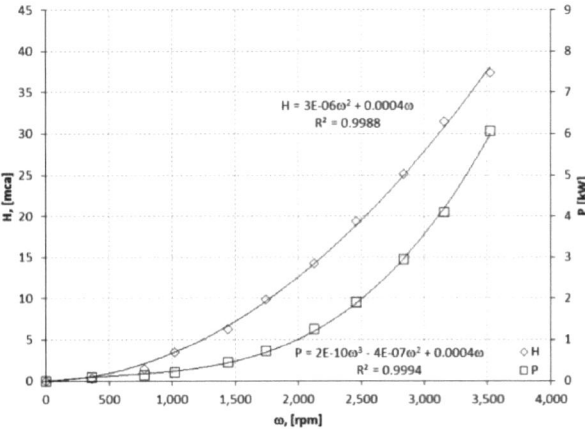

Fig. 4. Relación $\omega - H$ y $\omega - P$ de la bomba centrífuga.

Ahorro de Energía

Para determinar el ahorro de energía se obtuvo la potencia consumida por la bomba regulando con la válvula. Se conectó el analizador al motor eléctrico, midiéndose las condiciones ambientales al inicio y al final de la prueba. Se abrió la válvula para obtener el flujo máximo registrando la presión de la placa de orificio, temperatura y potencia del motor, se obturó el flujo cada 10% hasta flujo nulo registrando los datos en cada condición, el flujo se calculó con la ec. 6. La Tabla 2 muestra que la potencia es 5.279 kW y 2.982 kW para el flujo máximo y nulo.

Tabla 2. Potencia suministrada a la bomba, regulación con válvula de estrangulamiento.

Q (lps)	0.000 0.596 1.243 1.731 2.234 2.719 3.343 3.810 4.451 4.979 5.413
P (kW)	2.982 3.222 3.422 3.700 3.945 4.146 4.436 4.625 4.921 5.122 5.279

La potencia regulando con el variador se obtuvo igualando los flujos de la válvula con la frecuencia y registrando las condiciones ambientales y variables del banco de pruebas, el flujo se determinó con la ec. 6. La Tabla 3 muestra la potencia consumida con el variador, a flujo máximo la potencia de ambos métodos es la misma para flujos menores la potencia se reduce en comparación con la válvula.

Tabla 3. Potencia suministrada a la bomba regulando con el variador de frecuencia.

Q (lps)	0.000 0.582 1.221 1.573 2.280 2.774 3.361 3.877 4.492 5.009 5.602
P (kW)	0.000 0.095 0.133 0.206 0.445 0.719 1.256 1.909 2.940 4.096 6.063

El ahorro de energía se determinó con la potencia consumida por ambos métodos de control (Tablas 2 y 3) considerando 1 h de operación. La Figura 5 muestra el consumo de energía de la bomba con ambos métodos de regulación. La Tabla 4 tiene el consumo de energía del variador (EVF) y el ahorro (A) respecto a la energía consumida por la válvula (EV), el mayor ahorro es 67% para 40% de flujo.

Tabla 4. Ahorro de energía aplicando el variador de frecuencia a la bomba centrífuga. EV Energía de la Válvula, EVF Energía del Variador de Frecuencia, A Ahorro

Q (%)	0.00 10.3 21.8 28.1 40.7 49.5 60.0 69.2 80.2 89.4 100
EV(%)	56.7 61.1 64.8 70.1 74.7 78.6 84.0 87.6 93.2 97.1 100
EVF(%)	0.0 1.6 2.2 3.4 7.3 11.9 20.7 31.5 48.5 67.6 100
A(%)	56.5 59.5 62.6 66.7 67.4 66.7 63.3 56.1 44.7 29.5 0

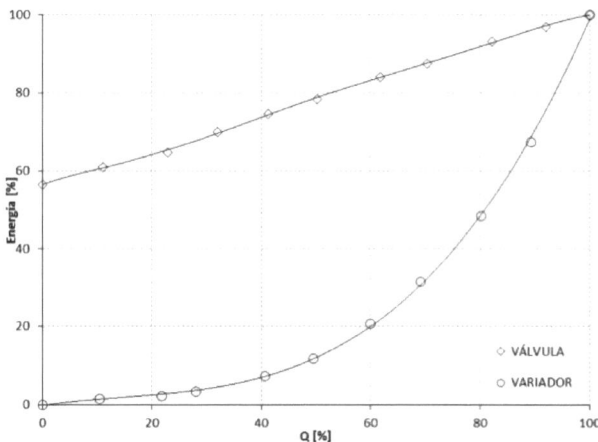

Fig. 5. Energía consumida por los dos métodos de control de flujo, bomba centrífuga.

4.2 Banco de Pruebas de Ventiladores Centrífugos

La instalación experimental tiene 3 ventiladores marca VENTURI, con rodetes de álabes radiales, inclinados hacia atrás y curvados hacia atrás. La instalación es tipo B, el ducto de descarga tiene 4.70 m de longitud y 0.25 m de diámetro. El ventilador se acciona con un motor trifásico de 11.175 kW (15 hp) controlado por un variador de frecuencia. Al final del ducto se tiene una compuerta cónica para regular el flujo. La instrumentación empleada para obtener las curvas características y el ahorro de energía fueron un barómetro, termómetro, un tubo de Pitot, manómetros en U y un analizador de calidad de calidad de energ8a. En [8] se describe detalladamente el banco de pruebas y la instrumentación.

4.2.1 Curvas Características del Ventilador Centrífugo de Álabes Radiales

En el plano de medición ubicado a 8.5D de la descarga se distribuyeron 20 puntos para obtener las presiones estática y total, velocidad promedio y flujo con el Pitot. Las curvas se determinaron a 3,460 rpm (60 Hz), regulando el flujo con la compuerta. Se midieron las presiones, condiciones ambientales y potencia del motor. La densidad del flujo de aire se obtuvo con la ecuación de estado:

$$P = \rho R T \tag{9}$$

Dónde: P es la presión absoluta del gas en Pa; ρ es la densidad del gas en kg/m^3; R es la constante del aire (286.9 J/(kg K)); y T es la temperatura absoluta del gas en K. El incremento de presiones total y estática entre la descarga y succión es.

$$P_e = P_{e2} - P_{e1} \quad (10)$$
$$P_t = P_{t2} - P_{t1} \quad (11)$$

En las ec. 10 y 11, el subíndice 2 y 1 representan las condiciones en la descarga y succión. En el arreglo evaluado las presiones en la succión son iguales a la presión atmosférica. La presión dinámica se obtiene con la siguiente expresión:

$$P_d = P_t - P_e \quad (12)$$

La presión dinámica es una función cuadrática por lo que su valor promedio es:

$$\overline{p}_d = \left(\frac{\sum_{j=1}^{n}\sqrt{p_{dj}}}{n}\right)^2 \quad (13)$$

Donde; p_{dj}, es la presión dinámica en un punto en Pa; y n es el número total de puntos. El flujo volumétrico para un fluido incompresible se calcula con la ec. 14.

$$Q = \overline{V}A \quad (14)$$

En donde Q es el flujo volumétrico en m^3/s; $\overline{V}$ es la velocidad promedio en m/s y A es la sección transversal del ducto en m^2. La velocidad promedio es:

$$\overline{V} = \sqrt{\frac{2\overline{p}_d}{\rho}} \quad (15)$$

La potencia volumétrica se determina con las dos presiones del ventilador, siendo la potencia volumétrica total (P_{vt}) y potencia volumétrica estática (P_{ve}), (ec. 16 y 17).

$$P_{vt} = Qp_t \quad (16)$$
$$P_{ve} = Qp_e \quad (17)$$

La eficiencia total (η_t) y estática (η_e) se obtiene con las ecuaciones 18 y 19.

$$\eta_t = \frac{P_{vt}}{P_{cm}} \cdot 100 \tag{18}$$

$$\eta_e = \frac{P_{ve}}{P_{cm}} \cdot 100 \tag{19}$$

La Figura 6 muestra las curvas características del ventilador de álabes radiales a 3,460 rpm, presión atmosférica de 799 mbar y temperatura de 20 °C. De la Figura se tiene que la presión es máxima para 0% de flujo y corresponde a 3,500 Pa, siendo la presión total y estática iguales; la diferencia entre estas presiones (presión dinámica) se incrementa al aumentar el flujo; la presión total es 1,062 Pa y la estática 419 Pa para flujo máximo (1.8643 m^3/s). La potencia para 0% de flujo es 4.23 kW y para 100% del flujo (1.8643 m^3/s) es 10.17 kW. La eficiencia máxima se encuentra entre 44% (0.6585 m^3/s) y 55% (1.0286 m^3/s) del flujo máximo. La eficiencia total y estática máxima es de 42% y 40% a 0.8340 m^3/s. En el flujo de eficiencia máxima la potencia del motor es 6.06 kW. Finalmente para flujo el flujo máximo la eficiencia total y estática es de 19.47% y 7.69% respectivamente.

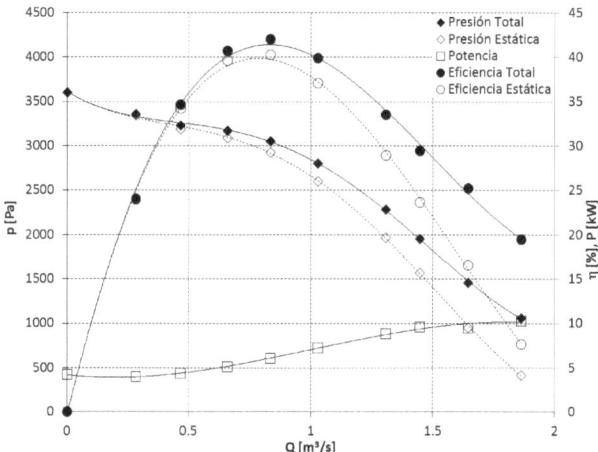

Fig. 6. Curvas características del ventilador centrífugo de álabes radiales.

4.2.2 Comportamiento del Ventilador a Velocidad Variable

El desempeño del ventilador a velocidad variable se obtuvo a diferentes frecuencias de operación igualando los flujos obtenidos con la compuerta. Las variables medidas fueron: velocidad angular, flujo volumétrico, presión total y estática, y potencia. La Figura 7 muestra las relaciones $f - \omega$ y $\omega - Q$. De la figura se tiene que la relación entre estas variables es lineal (ec. 1 y 4), por lo que para logar un incremento de ω o Q se tendrá un incremento proporcional de f y ω.

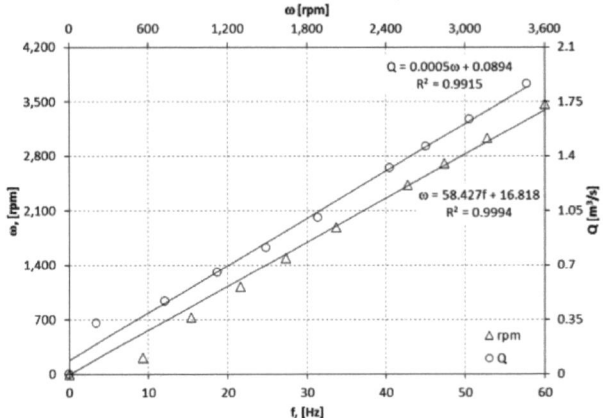

Fig. 7. Relación f-ω y ω-Q del ventilador centrífugo.

La Figura 8 presenta las relaciones $\omega - p$ y $\omega - P$ del ventilador, siendo la presión y potencia funciones cuadrática y cúbica de la velocidad angular (ec. 2 y 3). La separación entre presión total y estática es la presión dinámica. Del comportamiento $\omega - P$ (Figura 8), al variar la velocidad angular se tendrá un consumo de energía menor con el variador de frecuencia comparado con la válvula. Reducir el flujo 21.8% (1.458 m^3/s, 2,708 rpm) disminuye la potencia 49%.

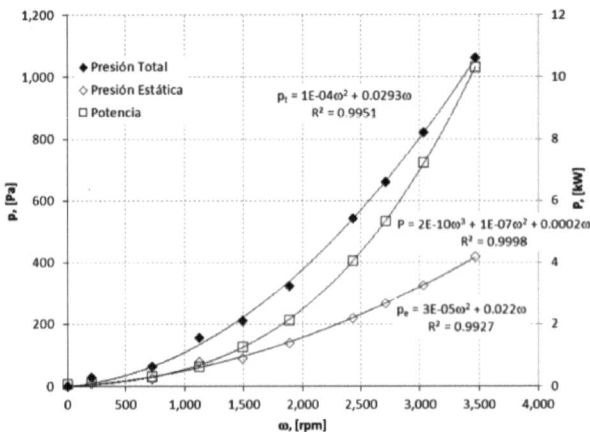

Fig. 8. Relación ω-p y ω-P del ventilador centrífugo.

3.2.3 Ahorro de Energía

La potencia consumida por el ventilador a velocidad constante se obtuvo con la compuerta con un procedimiento similar al de la bomba centrífuga; reduciendo el flujo desde 100% hasta 0% de flujo generando 10 puntos, registrando las presiones total, estática y dinámica; temperatura y potencia. El flujo se determinó con la ec. 14. La Tabla 5 presentan la potencia consumida a velocidad constante.

Tabla 5. Potencia suministrada al ventilador obturando con la compuerta.

Q (m^3/s)	0.000	0.285	0.469	0.659	0.834	1.029	1.306	1.447	1.647	1.864
P (kW)	4.23	3.98	4.37	5.13	6.06	7.22	8.88	9.61	9.5	10.31

La potencia regulando con el variador se obtuvo igualando los flujos encontrados con la compuerta ajustando la frecuencia y registrando los datos descritos para cada condición de flujo. La Tabla 6 muestra la potencia consumida con el variador, se observa que para flujos menores, el variador consume menos energía.

Tabla 6. Potencia suministrada al ventilador regulando la frecuencia.

Q (m^3/s)	0.000	0.326	0.467	0.650	0.810	1.002	1.322	1.458	1.635	1.864
P (kW)	0.08	0.16	0.31	0.64	1.27	2.14	4.06	5.35	7.23	10.31

El ahorro de energía se obtuvo considerando 1 h de operación. La Figura 9 muestra el consumo de energía de ambos métodos; el variador tiene un menor consumo de energía respecto a la válvula. La compuerta consume energía a 0% de flujo y el variador tiene un consumo mínimo. A 44% y 55% de flujo se tiene el mayor ahorro de energía 4.40 kW y 5.06 kW.

La Tabla 7 muestra el consumo de energía del variador de frecuencia y el ahorro de energía que se tiene comparado con la válvula cónica. El mayor ahorro de energía es de 49% que corresponde al 53% del flujo del ventilador.

Tabla 7. Ahorro de energía con el variador de frecuencia aplicado al ventilador centrífugo. EV Energía de la Válvula Cónica, EVF Energía del Variador de Frecuencia, A Ahorro

Q (%)	0.00	17.5	25.0	34.9	43.4	53.8	70.9	78.2	87.7	100
EV(%)	41.1	38.7	42.4	49.7	58.8	70.1	86.2	93.2	92.1	100
EVF(%)	0.8	1.6	3.0	6.2	12.3	20.8	39.4	51.9	70.1	100
A(%)	40.3	37.1	39.4	43.5	46.5	49.3	46.8	41.3	22.0	0

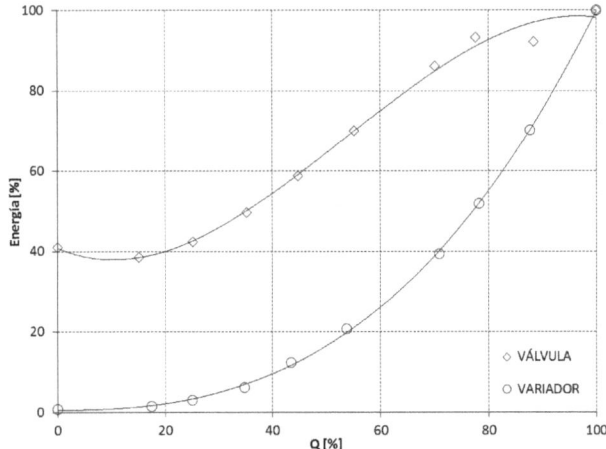

Fig. 9. Comparación de energía consumida por el ventilador centrífugo.

5 CONCLUSIONES

Se determinó el ahorro de energía en un bomba y un ventilador centrífugos comparando dos métodos de control de flujo: velocidad constante (válvula y compuerta) y de velocidad variable (variador de frecuencia), obteniéndose que el método de velocidad variable consume menos energía y en consecuencia presentó un mayor ahorro comparado con el de velocidad constante. De las técnicas de control de flujo estudiadas, el variador de velocidad presentó el mayor ahorro de energía para las dos turbomáquinas, siendo este de 67% para la bomba centrífuga a 40% del flujo y de 49% en el ventilador centrífugo para 53% del flujo.

Referencias

[1] Waide P. and Brunner C. U. Energy-efficiency policy opportunities for electric motor-driven systems 2011. Energy Efficiency Series. IEA. France. 2011.
[2] Fan application manual. (1987). Air Movement and Control Association.
[3] Jorgensen, R. (1983). Fan engineering. Buffalo Forge.
[4] ABB. Aplication Guide No. 2. Using variable speed drives (VSDs) in pump applications. 2006.
[5] NOM-004-ENER-2014, Eficiencia energética de bombas y conjunto motor-bomba, para bombeo de agua limpia, en potencias de 0.187 kW a 0.746 kW. Límites, métodos de prueba y etiquetado.
[6] Richard W. Miller, Flow measurement engineering handbook, McGraw Hill, EUA, 1997.
[7] Loza Villajero O. F., Tolentino Eslava R., Tolentino Eslava G., Metodología para determinar curvas características de bombas centrífugas, XV

Congreso Nacional de Ingeniería Electromecánica y de Sistemas, Ciudad de México, Octubre 2015.

[8] C. A. Juárez Navarro, Ahorro de energía por control de flujo en un ventilador centrífugo, Tesis de Licenciatura, ESIME-IPN, 2005.

www.ingramcontent.com/pod-product-compliance
Lightning Source LLC
Chambersburg PA
CBHW040222220526
45473CB00001B/79